優渥叢書

互聯網之神

貝佐斯

揭開網路銷售，你所不知的8個勝出關鍵

推薦人｜TEDxTaipei 策展人暨 TED亞洲大使　許毓仁
1分間ジェフ ベゾス　張秀慧◎譯
著作超過120本商管名師　西村克己◎著

1 成功心法

揭開互聯網之神，貝佐斯的做事態度

目錄
CONTENTS

2 行銷戰略——網路世界，你只要贏對手一〇%即可

3 品牌經營

不打廣告，只聚焦把服務做透

目錄
CONTENTS

4 眼光放遠

懂得蟄伏與耐心，才能做到第一

5 進化計畫

以訓練肌肉的精神，一步步養成企業的改革體質

目錄
CONTENTS

6 逆向策略

亞馬遜一反常規忽略利潤，卻因此站穩無法取代的品牌地位

7 商品開發

貝佐斯每天早上睜開眼，想的都是如何為消費者「帶來驚奇」

目錄
CONTENTS

8 組織戰略

縮小行動小組編制，延攬優秀人才

作者序

以地球最大河川命名，因為他想建立世界最大書店

傑夫・貝佐斯是世界最大網路商店「亞馬遜」的創辦者。

一九六四年，他出生於美國，一九八六年，以優秀成績畢業於常春藤盟校普林斯頓大學。他想要自行創業，所以為了瞭解商業的組織構造，放棄一流企業，選擇進入新創公司累積經驗。他在一九九〇年進入金融公司德劭集團（D.E. Shaw & Co.），二十八歲即成為副社長。

然而，貝佐斯向公司建議要在網路上賣書，但被社長否決後便懷抱著「要

是挑戰後失敗了，還可以接受，但實在不想因為沒有挑戰而後悔」的想法，放棄了安穩的菁英工作，選擇自行創業。

他花了一年的時間準備，新公司在一九九五年七月正式營運。選擇以世界最大河川亞馬遜為名的理由之一，是因為它跟「地球最大書店」這個廣告詞很搭。優良的服務品質讓亞馬遜公司迅速成長，不但人氣網站「雅虎」有介紹，也有其他一流創投公司願意投資。貝佐斯穩紮穩打的經營模式，讓亞馬遜在創業兩年內便成為上市公司。

然而實際上，雖然亞馬遜的營收增加了，但卻因為投入了更多資金加強顧客服務，導致公司沒有獲利，一直處於虧損狀態。直到二〇〇一年，亞馬遜開始獲利。於此同時，貝佐斯不僅增加了網站上販售的商品種類，就此擴展營業範圍，又以電子書閱讀器「Kindle」掀起了革命。此外，他也開始投資能撐起未來的創投公司，並且把觸角伸入太空航空產業，逐漸提高影響力。二〇一三年，他還收購了美國第五大報社華盛頓郵報，讓所有人瞠目結舌。

大約在兩年前，一位忙碌的經營者告訴我：「沒有任何銷售方法贏得了亞馬遜。它價格便宜而且又能準時送達，越忙碌的人越能體會它的方便性，亞馬遜將來絕對會獨占鰲頭。」他的這番話讓我頗有同感，誘使我想為傑夫・貝佐斯寫一本書。

加入亞馬遜Prime會員（付費會員制）之後，通常能在訂購當日收到商品，即使是週末也有配送，非常方便。而且它讓找書變得非常簡單，以前在大型書店大概要花兩個小時左右找書，最後還可能無功而返。不過在亞馬遜，不管二手書或是絕版書，只要數分鐘就可以找到，功能遠遠超越了實體書店。

這改變了我買書的習慣，同領域的書我會一口氣買十本左右，再從中挑選幾本自己需要的書。雖然有些書我並不會從頭到尾全部看完，看似有些浪費，但卻比亞馬遜出現前來得有效率多了。找書的時間也縮短了，省下來的時間可以用來跟家人相處，或者是去做其他更重要的事。就算書多買了，但時間卻省下來了，我還是覺得物超所值。

因為以上原因，我決定開始調查傑夫・貝佐斯。在過程中，我發現他面對眾多的顧客需求時，建構出了三項絕不改變並能滿足顧客的規則。

①可選擇的種類越多越好。

②價格便宜。

③配送既迅速又值得信賴。

從經營策略來看，這是相當正確的先見之明，能聚集經營資源的人即為勝者，這道理顯而易見。面對與對手的長期競爭，亞馬遜秉持著不允許追隨者超越的信念，藉著滿足顧客普遍的需求，一步步站穩腳步。

這些理念亦可見於市場行銷學權威菲利普・科特勒博士（Philip Kotler），以及現代管理學之父彼得・費迪南・杜拉克（Peter Ferdinand Drucker）等人的理論。貝佐斯還非常崇拜蘋果創辦人史蒂芬・保羅・賈伯斯（Steven Paul Jobs），此外也學習日本豐田的生產方式，並實際運用在經營方面。

而他的經營手法也與偉大的經營前輩華特・迪士尼（Walter Disney），以及奇異公司（創辦人為備受尊敬的愛迪生）的傑克・威爾許（Jack Welch）等人十分雷同。

亞馬遜網站販賣很多商品，貝佐斯也跟很多人學習，並且一步一步實踐自己的想法，讓事業的願景築夢成真。從不害怕失敗，勇往直前的貝佐斯讓我學到了很多，如果大家也能和我一樣得到許多啟發，將會是我的榮幸。

1999（35歲） 獲選為《時代》雜誌的年度風雲人物。
取得點擊專利。（註2）
亞馬遜建造大型物流中心。

2000（36歲） 亞馬遜股價下跌，解僱了1000多人。
加入太空事業「藍色起源」。
*IT泡沫化，市場開始不景氣。

2001（37歲） 亞馬遜在第四季首次轉虧為盈。

2003（39歲） 直升機墜機意外中生還。
亞馬遜全年營收為正。

2004（40歲） *馬克・祖克柏等人創辦臉書。

2006（42歲） 亞馬遜開始雲端硬碟服務。

2007（43歲） 亞馬遜導入第一代電子閱讀器Kindle。

2009（45歲） 亞馬遜以8億美元收購Zappos。（註3）
亞馬遜停止小說電子閱讀器，並且道歉。

2010（46歲） 於普林斯頓大學畢業典禮演講。

2012（48歲） 3月，從大西洋回收阿波羅11號的引擎。

2013（49歲） 8月，收購華盛頓郵報。

註1：巴諾書店為美國最大連鎖實體書店。

註2：點擊專利能讓系統記錄網購時留下的個資，再訪時只要點擊就可比對資料，無須再次輸入。可簡化購物流程、提升效率及回購意願。

註3：Zappos為美國網路鞋店。

傑夫・貝佐斯的生平

1964（0歲）	1月12日，出生於美國新墨西哥州。
1965（1歲）	父母離異。
1968（4歲）	母親再婚，麥克・貝佐斯成為繼父。 在祖父的牧場度過暑假。
1976（12歲）	*賈伯斯創辦蘋果。
1980（16歲）	寫小論文，受邀參觀NASA馬歇爾太空飛行中心。
1982（18歲）	以畢業生代表身分自法爾梅高中畢業。
1986（22歲）	普林斯頓大學第一名畢業。 就業於金融IT公司。
1988（24歲）	轉職至金融IT公司Bankers Trust。
1990（26歲）	轉職至金融企業D.E. Shaw & Co.。
1993（29歲）	與麥肯西結婚。
1994（30歲）	7月，創立亞馬遜的前身「Cadabra」。 9月，參加全美書籍銷售業者協會講座。 *雅虎成立。 *瀏覽器Netscape Navigator公開。
1995（31歲）	2月，更名創立亞馬遜。 春天，網站Beta測試開始。 7月，亞馬遜開始服務。
1996（32歲）	接受創投公司Kleiner Perkins的投資。
1997（33歲）	5月，巴諾書店開設網路書店。（註1） 5月，亞馬遜上市，股票面額為美金18元。
1998（34歲）	亞馬遜開始銷售CD和DVD。 亞馬遜員工年營業額高達美金37萬5000元。 投資Google。 *賴利・佩吉和謝爾蓋・布林創辦Google。

第 1 章

成功心法

揭開互聯網之神，貝佐斯的做事態度。

1 決定：用「後悔最小化」，做出不後悔的決定

我認為傑夫・貝佐斯即使不創辦亞馬遜，也能獲得成功。

一九八六年，他以優秀成績畢業於普林斯頓大學，並受到一流企業爭相邀約。但因為貝佐斯早有創業的念頭，於是決定先到兩家創投企業學習商業組織管理，並且累積經驗。一九九〇年他轉職到德劭金融公司，因為電腦方面的工作成果得到認可，在二十八歲榮升副社長，前途一片看好。

但是一九九四年，他希望能透過急速成長的網際網路販售書籍，卻被社長

蕭否決了，因此他便重新燃起自行創業這個想法。

蕭也是白手起家的經營者，且十分欣賞貝佐斯的才華，於是強力慰留。他試著說服他：創意相當有趣，但你已經是非常成功的人，不需要冒這個險，這應該是沒有任何東西可以失去的人才該去挑戰的。希望貝佐斯能就此回心轉意，繼續留在公司。

但貝佐斯以「後悔最小化」觀點做出了決定。也就是等年紀大了，回顧過去時，哪一個選擇最不會讓自己後悔。

到了八十歲，會後悔三十歲時沒有拿到更多的獎金嗎？不。那麼會後悔沒有創業嗎？是的。

他認為：「如果不去挑戰一定會後悔，這是鐵錚錚的事實。」挑戰之後感到後悔還能接受，但因為沒有挑戰而後悔，就沒有任何人能挽回了。因此，貝佐斯才決定踏出創立亞馬遜的第一步。

2 機會：把「網路潮」當成十九世紀的「淘金潮」

人類會處理眼前發生的危機，但如果危機是發生在數年之後，即使再怎麼嚴重，也會選擇之後再說。人類就是這種生物。

貝佐斯把「未來危機」當作是「眼前危機」的想法，讓他隨時保有警覺性，也為他帶來無比的力量。

貝佐斯在一九九四年時曾遵從蕭的指示進行市場調查，他發現有一個跟十九世紀「淘金潮」類似的機會即將出現，那就是「網路潮」。當時網路正以一年二三〇〇%的速度快速成長。

不少人都掌握到這個數據，但察覺這是機會的人卻少之又少。所以貝佐斯認為，如果想贏得先機，就應該立即採取行動。

立即行動但不慌張。如果慌慌張張地起跑而跌倒，就會淪為接踵而至後人的踏板了。貝佐斯的策略就是，經過縝密的準備再起跑，就能用晚出發的人無法追趕的速度急速成長。

在一九九三年，貝佐斯和同為普林斯頓大學畢業的麥肯西小姐結婚。面對接下來的創業，他與妻子和友人一起克服了所有難關。

亞馬遜在拓展新的服務項目時，貝佐斯曾表示「必須勇敢踏出第一步。只要攀登上第一個山頭，那麼從山頂就能看到下一座山頂了」。

3 定位：該賣什麼？不該賣什麼？缺口在哪裡？

其實貝佐斯當初的想法只是「利用網路來賣東西」，至於要賣什麼，他打算先研究之後，再從數十種商品當中選擇。不管販售哪種商品，對新手來說都有點難度，但如果是販售書籍，那麼原本存在的「困難點」或許能成為成功的因素。

①競爭書店參差林立。

小型書店競爭激烈，如果以實體書店的形式進軍市場，嚐不到什麼甜頭。

但是，如果導入嶄新的系統，就有可能一口氣稱霸市場。而最大的競爭對手只有巴諾（B&N）等幾家連鎖書店而已。

②種類過多。

書籍的種類是音樂CD的十倍以上，依照常理來看，新公司很難介入這個市場。但是網路卻能將種類繁多這項缺點轉換成優點，僅需透過ISBN（國際標準書號）即可解決問題，且建立搜尋資料庫也非常容易。

③沒有效率。

大多數上架的書籍最後都會被退還，變成製造商（出版社）的庫存。但網路販售幾乎不會有任何退貨，憑著這點，將有利於跟製造商交涉。

最後，貝佐斯對雲端運算的看法是：「從我們的角度來看，雲端運算非常沒有效率。但如此龐大的領域欠缺效率時，正是商機顯現之時。」而書籍相關業界也正是如此。

4 修正：你得勇敢破壞，自己定下的完美計畫

經營公司必須要有計畫，但網路屬於發展中的產業，未知因素太多了，例如網路購物者的數量、網路技術等。所以亞馬遜很難做出預測，更不可能事先建立計畫。

但聽說個性嚴謹的貝佐斯，卻在他辭去德劭前往創業根據地西雅圖的車內，寫出一份完美的計畫書。

雖然貝佐斯也說過「遇到實際狀況後，就會發現所有計畫都派不上用

場」，也就是說，計畫永遠趕不上變化。要是堅持按照計畫進行，就會因為不知變通而錯失大好機會。但毫無計畫就盲目採取行動也不可行，所以建立計畫能夠幫助我們整理出問題點，並且讓我們更有衝勁。

構思計畫時必須縝密，而能察覺計畫生變的細心，以及不為所動放棄計畫的大膽，正是通往成功之路不可或缺的兩大關鍵。

隔年，貝佐斯就改寫了經營計畫，但也是很快就跟不上變化。因為亞馬遜已經開始急速成長，速度快到這星期做出的決定，下個星期可能就馬上需要更改。

有關計畫，一九九八年創業的谷歌執行長艾立克・史密特（Eric Schmidt）曾說過：「計畫根本無所謂，不如把一切都交給命運吧。」雖然兩人都同樣認為制定計畫不是最重要的事，但所採取的行動卻截然不同。兩家公司必然成為競爭對手。

5 心態：把失敗說在前頭，行動時才無後顧之憂

成立公司時，最大難關或許就是籌措資金了。空有想法卻沒有資金，絕不可能創業。就算剛開業時狀況良好，但要是沒有資金周轉，還是無法經營下去。

貝佐斯認為網路商務的成功率大約是一成，即使是相當有自信的亞馬遜，成功機率也只有三成左右。換句話說，失敗率高達七成。所以他老實對親友說，要是經濟不夠寬裕，最好還是不要投資。

有些人會因為想籌措足夠的資金畫出大餅，或是提供假情報等，但貝佐斯卻誠實告知。理由是「先有失敗的覺悟，做起來就比較不會有壓力」。的確，要是不把最壞的狀況告訴對方，萬一失敗就沒有臉見他們了，簡直是雙重打擊。

貝佐斯曾經前後在三家公司任職，累積了一定的資金，所以一開始他自己就先投資了美金五萬四千元，不過這些錢很快就不夠用。幸好父母幫他準備了美金十萬元，只不過他們不是因為相信亞馬遜會成功才投資，而是因為相信身為兒子的貝佐斯。雖然父親麥克・貝佐斯是曾在美國國防部工作的技術人員，但即使有如此背景，他的父親也對網路世界一無所知。貝佐斯就是身處這樣的時代。

然而，不到兩年，他父母投資的金額就翻漲了百倍以上。

6

互補：慎選合作對象，才有可能在最佳地段「開店」

貝佐斯在一九九四年七月以「Cadabra」這個名稱登記創業，然後在隔年二月將公司名稱改成亞馬遜，並在同年七月開始營運。不久後顧客便急速增加，整體而言，經營狀況相當不錯。

但是資金方面還是遇上了困境。就網路商務來說，顧客越是增加，需要投資在伺服器的金額就越多。再加上花了一年的時間準備，且貝佐斯對花在提升服務的成本也毫不手軟，所以一九九四年的損失超過了三十萬美金，以他個人和家人的資產已無法支撐下去。

雖然早有會長期虧損的覺悟，但資金問題還是得解決。就在走投無路時，出現了一個不錯的機會。創投公司看到了亞馬遜的成長，紛紛表示願意投資。

面對多方提案，貝佐斯也有他自己的想法。他沒有立刻同意，而是在創投公司相互競爭時，將目標設定在KPCB公司。這家公司在矽谷設點，是業界廣為人知的頂尖大型創投公司。貝佐斯說：「跟他們合作就像在最佳地段開店一樣。」

既然同樣都是投資，當然要跟一流公司合作，才會連帶被認為是成功的企業，這對合作對象和人才吸收都較為有利。貝佐斯積極地交涉，最後得到美金八百萬元的投資金額。

7 簡單：三個公司名稱命名法，打響知名度

源自咒語「Abracadabra」的公司名「Cadabra」評價並不好。因為會被誤解為屍體（註：當時，貝佐斯的律師多次把公司名稱誤聽成cadaver，意思是「屍體」，才讓他與起更名的念頭），而且也很難拼得出來。貝佐斯說過：「要是不知道關鍵字的拼法，就很難搜尋到它。這一點非常重要，但卻很少有人在意。」

相反地，新的公司名稱Amazon.com是最好的選擇。

這個字很容易拼。

亞馬遜比起世界第二的河川要大上好幾倍，這跟貝佐斯希望公司能成為壓倒性存在的想法很契合。

每個人都知道，而且很熟悉。

貝佐斯周遭也有人覺得亞馬遜並不適合當作公司名稱，如果是這樣，蘋果這個名字不也挺奇怪。

因為業務內容不固定，所以加上了「.com」以做出區隔。亞馬遜也就是所謂「.com企業」的第一成功者。

幸運的是，開始營運後第三天，雅虎表示希望能在自己的人氣網站上介紹亞馬遜，這代表點閱率將會激增。雖然公司還沒完全準備好，但考慮周全又行事果決的貝佐斯立刻就答應了。

結果，成效相當顯著，訂單如雪片般飛來，亞馬遜的成長已指日可待。

8

品質：當危機來臨，別為了成本切斷「企業的生命線」

營運開始兩年後，亞馬遜在一九九七年正式上市。初期的每股面額是美金十八元，共募得資金五千四百萬元。

但令人驚訝的是，亞馬遜仍是虧損的。顧客大幅增加，營收也往上攀升，但貝佐斯卻花了更多成本充實服務內容。

亞馬遜之所以會上市，或許也是當時的風潮所致，IT潮流已然啟動。但其實早在一九九五年，開啟網路時代的網景通訊公司在創業第一年就上市了。

但因為ＩＴ潮流泡沫化，二〇〇〇年至二〇〇一年面臨崩壞。越是成功，損失也越慘烈，而吹向亞馬遜的逆風也十分嚴峻。

以「比起利潤更在乎成長」為信念的貝佐斯，同樣也無法忽視股東們「快點創造利潤」的要求，於是有好一段時間都致力於獲利。二〇〇一年甚至解僱了一千三百名員工。

但另一方面，他並不打算放棄顧客服務。他說：「即使公司的成長面臨考驗，也必須維持現有的服務水準。」終於，在二〇〇一年第四季不再虧損了。

為了縮減成本而連生命線都切斷的企業並不少，但亞馬遜仍堅守自己的原則，後來更以電子書閱讀器「Kindle」掀起第二次革命。

9

高度：不只是為了自己公司奮鬥，同時也要有使命感

每位成功者都有學習的榜樣。貝佐斯是以賈伯斯、發明家愛迪生，及世界少有的投資家巴菲特等人為學習榜樣，另外他也非常景仰華特·迪士尼。除了崇拜迪士尼的藝術性外，更因為他擁有偉大的夢想。身為一位企業家，他創辦了迪士尼公司並且建立了迪士尼樂園，這樣的領導風格令人傾倒。

同樣地，貝佐斯也很尊敬索尼創辦人盛田昭夫。「不只對索尼的產品，盛田先生也擁有要向全世界宣告，日本商品高品質的使命感。我喜歡不只是為了

自己公司奮鬥，同時也抱持更偉大使命的企業。」

貝佐斯喜愛抱持著偉大使命感的人和企業。他希望自己也能成為這樣的人，並期盼顧客至上的亞馬遜能夠成為其他企業的學習榜樣。

貝佐斯增加了商品的販售種類，讓亞馬遜從當初「地球最大的書店」逐漸蛻變。不只設立了太空航空公司，也開始投資其他企業。因為他不僅抱有強大的事業野心，同時也擁有實踐願景的本能。

貝佐斯格言

Bezos's Motto

如果你只做你認為不會失敗的事情，你將會把機會拱手讓人。

"If you decide that you're going to do only the things you know are going to work, you're going to leave a lot of opportunity on the table."

※ 編輯部補充，非日文原書內容

第 2 章

行銷戰略

網路世界，你只要贏對手10%即可。

10 你一直記得顧客，顧客就會一直記得你

貝佐斯的基本策略，就是不管要花多少成本，或是犧牲利潤，都要盡早掌控市場，鞏固好自己的地位，讓後頭追兵無法輕易超越。

網景公司的創辦者馬克・安德生（Marc Andreessen）曾說過，以量取勝的人，最終能夠獲得壓倒性的勝利，貝佐斯對此說法也十分贊同。

一九九六年，貝佐斯發給所有員工印有「get big fast（快速成長）」文字的T恤，是為了讓員工保持警覺，看是要讓公司急速成長，還是淪為市場上平

凡的普遍多數。

貝佐斯認為，想要支配市場，最重要的是急速成長以及攏絡客群。因此，關鍵在於擴大服務範圍以及確立品牌地位，所以他也幾乎將所有資金投入於此。

這樣的做法讓亞馬遜即使長期獲利沒有增加，也成功打響了品牌名號。在創業後第四年的一九九九年，有五二％以上的美國成年人表示「若想利用網路買書，第一個想到的就是亞馬遜」。

在每個不同領域的眾多廠商中，貝佐斯認為，消費者能記住的品牌「大概頂多三個」。如果淪為市場上平凡的普遍多數，就絕對無法體會經營的樂趣了。那麼我們又該如何擠入消費者心中的「前三名」呢？「只有將焦點放在顧客體驗，並做到淋漓盡致地步的公司，才能成為領導者」貝佐斯說。

11 競爭者攻擊時，你是慌亂還是記得自己的強項呢？

巴諾書店在一九九七年開始經營網路書店，但在經營上跟貝佐斯要求快速成長卻完全相反。

① 專注 V.S. 分心。

貝佐斯表示「我們的強項之一就是專注」，於是只專注於書籍的網路銷售。亞馬遜從一九九八年起才開始販售CD，然後除了書籍之外，也增加了其他商品，讓販售品項更多樣化。而巴諾書店則是選擇分散力量，同時經營實體書店和網路銷售，因此並未妥善發揮資本雄厚的優點。

②自行負責 V.S. 委外。

亞馬遜已不斷進化到從訂貨到物流都一手包辦。但是，巴諾書店因為和網路服務公司ＡＯＬ簽訂了合約，所以即使書籍品項超過一百萬以上，並以迅速配送和大幅折扣等方法對抗亞馬遜，卻也無法與之抗衡。

③自我實現 V.S. 追隨。

貝佐斯的願景是亞馬遜的成功，而員工也將此當作自己的夢想。但巴諾書店並不是因為夢想和願景才加入戰局，它只是跟隨者，兩者動機完全不一樣。

一開始巴諾書店看似較佔優勢，如果能就此如它所願，或許競爭會更加激烈。但是，它追不上亞馬遜的成長速度，無法成為競爭對手，所以只能回頭經營實體書店。

12

改變顧客的消費習慣，你得找出壓倒性價值的關鍵

在創業前，貝佐斯曾花了四天的時間，參加由獨立書店聯盟與全美書籍銷售業者協會主辦的入門講座，學習書籍業界相關知識技巧。而在此之前，他完全是個大外行，不過巴諾書店卻累積了很多經驗和技巧，令他完全無法望其項背。但為何在這種情況下，巴諾書店卻只能選擇退出呢？

其中，大部分原因在於巴諾書店採取觀望態度，導致太晚進入市場。此外，它也患有一般大企業的通病：除非大家都認為該市場有開發價值且萬無一

失，否則絕不輕舉妄動。

貝佐斯表示「除非能具有壓倒性價值，否則對消費者來說，依照以往習慣做選擇本來就比較方便」。而在巴諾書店觀望的這兩年，亞馬遜將所有精力專注在網路上銷售書籍，因而累積了各種經驗與技巧。在現實世界這可能不算什麼，但在成長快速的網路世界裡，兩年的差距並沒那麼容易追平。

獨創隨身聽等最先進商品的索尼，卻在銷售面輸給了觀望之後再加入的松下電器（現Panasonic）和東芝。

這只有在現實世界才會發生。但在千變萬化的網路世界，如果採取先觀察風險有多大、有沒有利潤的觀望戰術，就會流失顧客。大型企業的觀望策略為亞馬遜帶來勝利的機會。

13 網路世界只要贏對手一〇%，就能比同業第二名成長十倍

亞馬遜的成長速度相當驚人，一九九八年末，員工平均年營業額高達美金三十七萬五千元，是巴諾書店的三倍，該年成長率也超過三〇〇%。正如貝佐斯所期待，他並不只是拉開些微差距，而是獲得壓倒性勝利。貝佐斯曾說這一點都不難，並明白表示：「要比業界第二名成長十倍，其實只需要贏一〇%即可。」

當然，這是網路書店的數據。若實體書店想要與第二名拉開一定差距，必

須在占地、設備等投入龐大資金，那麼在服務方面，頂多只能投入全部資金的「一〇%」而已，所以連想要與第二名拉開兩倍差距，應該都很困難。

但網路書店不需要花任何成本在店面和設備上，只需致力於提升服務品質，甚至不需要花錢宣傳服務品質有多好。亞馬遜開始營運的前三年，顧客大部分都是從朋友或認識的人那裡得知其方便性，而後也開始使用。

貝佐斯非常了解口耳相傳的效果，服務品質和速度是成長的關鍵。他的經營方針相當明確，而且一點也不貪心，只專注於提升服務顧客的品質。也因為如此，亞馬遜很快就成為業界的領頭羊。

14 「有點爛」、「很差」的評價，千萬別只當一般客訴處理

但口耳相傳的可不是只有好事，壞事也可能傳千里。當負面消息開始散播，加速成長的企業也會加速衰退。那麼貝佐斯如何處理恐怖的負面消息呢？

大部分的顧客即使覺得「還不錯」或「稍微有點差」，也不會一一主動告訴亞馬遜。正因如此，只要收到來信或和來電，亞馬遜都會看得比「稍微」的程度更嚴重。特別是如果收到了「很差」的評價，那就更要徹底改善。

貝佐斯表示「對於顧客的意見，不論是關於哪一方面，都應該要徹底找出

原因，並動用所有情報」，且不能只是以「處理客訴」的方式解決，而是要將負面評價轉化為正面評價。

譬如接到「收到的書是髒的」的客訴，難道只要做到「很抱歉，我們會立刻更換一本新的給您」就可以了嗎？應該要從備貨情形如何？有確實做好倉庫管理嗎？配送是否有瑕疵？等各方面下手，或許都可以發現一些需要改善的地方。

貝佐斯認為「快速成長和改善全部缺點並非無法同時達成」。就因為想要迅速成長，才更應該追根究柢，同樣的錯誤絕不讓它發生第二次。

顧客的口耳相傳也包括了企業處理問題的態度。

15 做錯了，該怎麼賠償顧客才對？貝佐斯有答案

二〇〇九年，亞馬遜因出版商沒有完整版權等正當理由，將喬治・歐威爾的小說《1984》下架，同時將其從消費者的電子閱讀器中刪除，消費者當然會抗議他們「踐踏所有權」。貝佐斯如何處理這件事呢？

顧客關心的不是錯誤或失敗，而是對方會如何處理，這能夠決定你是上天堂還是下地獄。

貝佐斯認為，網路事業的優點之一在於，「是否做錯事、該怎麼做才能做

得更好」等疑問，顧客都會告訴你答案。迅速處理問題是理所當然，從失敗中探尋更完善的服務，如此一來，失敗就能成為成長的契機。

貝佐斯的處理非常果斷。他立即登文道歉「解決方法不恰當」，並告知消費者可以選擇兩種補償方式：重新下載已經取得完整版權的《1984》，或是接受美金三十元的賠償。處理之後，紛爭終於落幕了。

沒有顧客就沒有成功，也不會有失敗，所有的判斷都取決於顧客。如果這個方法無法平息顧客的怒火，相信貝佐斯會再提出其他解決辦法。可見從顧客的反應能讓我們知道最佳的處理方式。

16 如何幫顧客省錢、省時，是網路勝出的關鍵

貝佐斯對於人們在網路購物的動機，是這樣認為的：二十世紀後期，經常有人提到「時間就是金錢」這個觀念，即使在現代仍被人們奉為圭臬。每個人都希望能夠節省時間和金錢。

即使是實體店面，對消費者來說，好店就是早點開門營業，晚點關門休息。更何況大家對於網路書店的期望，就是能夠節省比原本預期還要多的時間，也就是能以最快的速度購書。

貝佐斯了解時間的重要性，也不希望顧客白白浪費時間，所以快速服務是他的經營重點之一。於是他取得按下滑鼠就能買東西的「點擊專利」，而這也是亞馬遜迅速成長的關鍵之一。此外，他也開始了購買當天就會配送到府的「亞馬遜首創」服務。

他也相當尊敬同樣都以西雅圖為根據地的微軟創辦人比爾蓋茲。比爾蓋茲的急性子是出了名的，理所當然也變成了亞馬遜的顧客。

貝佐斯也不想浪費自己的時間。一九九八年，在提出書籍排行榜改善方針時，他對猶豫不決的員工說：「如果有四十八小時就一定辦得到。我想要這麼做，馬上去執行」，表現出強勢的一面。

17
冷漠、算計的企業，還不如有點人情味

迅速成長、壓倒性等詞彙會讓人聯想到冷漠和算計的企業，可是貝佐斯卻相當重視人情味。二〇一〇年，在普林斯頓大學畢業典禮演講，他提到了自己十歲時發生的事。

有一次，貝佐斯看到祖母一直抽菸，他想起曾經看過「抽一根菸會減少兩分鐘壽命」的報導，所以提出勸告：「阿嬤的壽命已經減少九年了」。

他原本以為祖母會稱讚他的計算能力，但其實那時候她已經是癌症末期了，所剩時間不多。所以她在聽完之後只是哭泣，而祖父則溫柔地對他說：「傑夫，我想你總有一天會知道，比起誇耀自己的頭腦好，懂得如何體貼待人還要更難。」

這次的經驗烙印在貝佐斯的心裡，這句話也多次出現在他的演講中。人類要是沒有明確的生活方針，就會不自覺被金錢綁架，或是以「有效率」之名採取不恰當的行動。

亞馬遜聚集了許多頭腦好、有才華的人。工作的確需要聰明才智，但這並非全部。工作了一段時間，心理和生活方式就變得很重要。貝佐斯知道，不懂體貼，空有才華的人是沒有成長空間的。

18 投資谷歌及臉書，再創高峰

亞馬遜壓倒性的成長雖歸功於貝佐斯的策略，但他也沒有忘記，其實這也得利於他們身處電腦與網際網路的黃金時期。

而此一時期的來臨，應可歸功於賈伯斯以及比爾蓋茲這些年輕天才。貝佐斯十分尊敬他們，尤其將賈伯斯當作學習的榜樣。而幫網際網路開拓出一條光明大道的，應該就是馬克・安德生創辦的網景公司了。

正因為貝佐斯趕上這兩個黃金時期而成功，所以他也樂於尋找即將迎接黃金時期的企業或事業，並積極投資。

一九九八年，貝佐斯跟與網景公司有相當關係的投資家雷姆・希里蘭（Ram Shriram），一起成為谷歌的第四大股東。他也在早期投資了臉書，這都是因為「在黃金時期工作真的很快樂，而現在應該正值社群媒體的黃金時期」。

優秀的企業家不會只投資自己的事業，同時也會投資別人的未來。投資未來提供了解決現在問題的線索。貝佐斯即是在過去、現在和未來這巨大的時間潮流中，思考成長的策略。

19 什麼都賣，賣什麼都不奇怪

在急速成長的戰略之下，即使再怎麼增加商品品項，也不可能列入所有商品。亞馬遜要怎麼和各式各樣的顧客搭上線呢？

一九九七年，貝佐斯曾說過，如果消費者想買的商品亞馬遜沒有賣，我們也希望能告知他們購買此商品的管道，他還說：「我期許亞馬遜能成為電子商務的最終目的地。」

不論是哪種商品，消費者會先想到「先去亞馬遜找找看，不僅可以很簡單就找到商品，還可以知道要去哪裡買」。貝佐斯希望能提供這樣的購物環境。

因為有如此想法，所以他收購了「junglee」比價網站，幫助在亞馬遜找不到所需商品的消費者，能夠到其他商店購買。亞馬遜在金錢方面幾乎沒有得到任何收益，但卻能提高便利性。

只要有過一次這樣的經驗，消費者就會變成死忠顧客，而且會成為粉絲，也會藉由口耳相傳擴大口碑。

在日本，某家便利商店會記錄並試著購入經常聽到消費者說「好想要啊」的商品，即使無法取得，也會告訴對方「到附近的某家商店就能買到」。消費者只要體驗過一次這種服務，對這家便利商店所累積的感謝，就會轉化為信任。

貝佐斯格言

Bezos's Motto

市場上有兩種公司，一種會致力於收取更多費用，另一種則相反。我們公司要當的是後者。

"There are two kinds of companies, those that work to try to charge more and those that work to charge less. We will be the second."

※ 編輯部補充，非日文原書內容

第 3 章

品牌經營

不打廣告，只聚焦把服務做透。

20 什麼都可以改變修正，但絕不動搖這「三項原則」

在沒有錢也沒有經驗與技能的情況下，亞馬遜僅憑顧客的支持，即在未知的市場領域闖出一片天。並趁競爭對手將注意力放在自家公司時，以優良的服務品質吸引消費者，而後獨占鰲頭，這就是通往成功的地圖。

那什麼是「優良的服務品質」呢？貝佐斯說「以絕不改變的原則為基礎訂立策略」。而絕不改變的原則就是：選擇多、價格低、提供迅速且值得信賴的配送。對顧客來說，這三項都很重要，所以才要遵守這些原則，然後不斷求進步。

這三項原則毋庸置疑，但要確實做到卻很困難，更別說是要達到完美，那就更是難上加難了。

顧客服務並不是施展魔法。亞馬遜不管增加了多少品項，公司規模擴展多少，在訂定策略時，還是會以這三項原則為核心不斷修正，藉此迅速吸引消費者。

用一句話來說，就是要做到「為顧客著想的服務」。所以比起花俏網頁，設計精簡的網站更容易使用；去除繁瑣手續，在效率上達成點擊滑鼠即可完成購物；盡可能縮短配送時間，價格也盡量壓低，商品種類更要豐富。亞馬遜就是如此達成「買賣」的所有基本要求。

21 不再追求七〇%的宣傳，而是該做好七〇%的服務

貝佐斯認為的完美顧客服務，就是「讓顧客根本連想要對此而指教我們的想法都沒有」。對服務感到滿意的顧客，根本不會打電話或寫郵件給亞馬遜，而是會心滿意足地將此告知朋友或認識的人。

良好的服務不需要四處宣傳「這很不錯」或「要不要試試看」，因為顧客和顧客之間自然會口耳相傳。貝佐斯認為這是因為「在舊時代時，會將所有時間的三〇%用以提高服務品質，剩餘的七〇%則會用來做宣傳。但是，在新時

代，這個比例必須完全相反」。

電子商務開始流行之前，主導權是在企業主手上。企業將大部分的時間、資金、能量花在宣傳上，希望能吸引消費者。但電子商務的主導權在消費者手中，因此企業必須將大部份心力放在提升服務品質，才能讓握有選擇權的消費者回頭。

貝佐斯所尊敬的史蒂芬・賈伯斯也曾說過：「就算再怎麼努力宣傳，也無法將失敗的東西變成暢銷商品。」

剛開始大家都對貝佐斯的成功感到驚訝，但隨著時間流逝，便也將此視為理所當然，並且都在使用亞馬遜。我想貝佐斯的目標，正是要讓顧客在潛移默化中，接受亞馬遜的優質服務。

22

所謂良好的服務，就是遵守與顧客之間的約定

即使是再完善的服務，顧客也會漸漸將其視為理所當然，並追求更完美的服務品質。所以當仿效服務內容的業者出現時，服務折舊（因過時而價值降低）的速度會變得更快。

如果懈怠改革，顧客將會離去。所以貝佐斯抱持的態度是「直到其他公司能提供比自家公司更好的服務為止」，顧客並不會離開。而這也代表，亞馬遜會為了提供更完美的服務，不停地積極投資。

貝佐斯認為「好的顧客服務就是遵守和顧客之間的約定」，而為了實現和顧客的約定，貝佐斯不斷納入使服務更加完善的設計，像是開設物流中心等。

要是無法自己做好倉庫管理和商品配送，會很容易出問題，甚至連解決問題的速度也會變慢。所以貝佐斯不但繼續改革網站的軟體，而且在亞馬遜開始營運的隔年，還將辦公室搬到有一千五百八十平方公尺的大型倉庫。

一九九九年，物流中心的面積有二十七萬九千平方公尺，而現在，亞馬遜在世界各地的物流據點約有七十處。

所謂服務，就是持續提供附加價值。這是沒有止境的，企業應該把消費者的喜悅當成自己的喜悅。

23 把客訴變轉機！顧客服務是所有員工的職責

服務是建立在信賴上。就算點擊滑鼠就能購物，但如果顧客對商品有不滿時，卻以惡劣的態度對應，或是在配送上發生問題，不管是誰，將再也不會上門光顧。

貝佐斯之所以加強整備倉庫和物流中心，也是為了要避免這種情形發生。創業初期，貝佐斯曾想過以無庫存作為經營模式，但是他很快就發現，消費者只能從網站以及訂購的書籍認識亞馬遜，因此他便改變了經營模式。

但是，即使再怎麼加強整備倉庫和物流中心，仍然會發生缺失。再小的問題，只要處理不當，消費者對亞馬遜的信賴就會下降。相反地，如果能完美處理大問題，就能重拾消費者的信任，讓他們成為常客。

客服即是掌握成敗的關鍵。

如果讓顧客感覺「被隨便敷衍應付」、「電話被不斷轉接」，必定會出現負面風評。貝佐斯說：「每位員工都要學會客服的工作」，因此包含管理職的數千名員工，每年都必須到客服中心參加為期兩天的訓練。透過物流和客服的雙重關卡，堅守和顧客間的承諾。

24 不辜負消費者期望，才能建立良好的品牌形象

貝佐斯期望藉著將亞馬遜打造為「史上最重視消費者的公司」，確立品牌形象。

在網路世界，口耳相傳的影響力遠遠超過企業所能做的努力，即使說它掌握生死大權也不為過。企業無論如何都必須將消費者放在第一順位。

因此，將資金用以擴大物流中心，或是提高電腦機能設備，都是非常值得的投資。一九九九年時，即使亞馬遜的營業額已高達美金十五億元，貝佐斯仍

投入了二十億元擴充顧客服務。

提倡服務第一的企業不在少數，但願意為了提升服務品質，而投入比營業額還高資金的企業卻相當稀少。

「可能有些人會認為，雖然一些消費者或許會感到失望，可是這樣做比較賺錢啊。不過，一旦消費者感到失望，對品牌的評價也會下降。」

貝佐斯說，比起收支平衡，他選擇將鞏固品牌放在第一優先順位。

在定價商品時，不少企業都不會為能否達到收支平衡而感到困惑。舉例來說，像是「如果考慮到利潤，我想要把價格定在日幣一千元，但這樣可能就只有一千人願意購買了。雖然定價為九百八十元的話，能賣給一萬人，但競爭又太激烈了。那就定為九百七十八元吧」。

但是，會將巨額資金投入在無形的品牌形象上的企業卻是極少數。正因如此，亞馬遜才能以壓倒性的差距贏得勝利。

25 不考慮未知消費者，而是應該滿足所有消費者

網路世界存在一個矛盾的問題。如果無法滿足大眾的需求，就無法籠絡消費者，但是想滿足所有人的需求又近乎不可能。

如果目標客群過於龐大，服務難免淪為平凡陳腐。但是，對網路販售來說，能像實體書店一般，個別詢問每個顧客的需求並給予對應卻極為困難。

貝佐斯則透過客製化個人網站解決這個矛盾問題。他藉由電腦技術，設計出能讓顧客感動得說出「啊，我之前就好想要這個」的網站內容。

貝佐斯還說：「不需要為了假想中的一般顧客，設立一般的商店。我的目標是創立一家讓所有人都無法挑剔的商店。」

其實，所有消費者使用的亞馬遜網站格式是相同的，但是每個顧客的網站內容卻是各不相同。網站會依照顧客的購買行為，將「最近瀏覽過的商品」、「相同類型的商品」陳列在網頁上，推薦給顧客做選擇。除此之外，還會整理之前購買時有關連的商品，讓顧客覺得「對了，以前買過，差不多該買新的了。」

雖然現在其他的網站也有相同的服務，但亞馬遜早就領先好幾步卻是不爭的事實。

26

別過度在意對手，最好的競合策略是……

有個詞彙叫「展示廳現象（Showrooming）」。意思是雖然消費者到實體商店查看商品的實體、聽店員解說，但卻回家上亞馬遜訂購商品。也就是說，只將實體商店作為檢視商品的商店展示廳化現象。

站在家電量販業者的立場來看，突然加入戰局的亞馬遜對他們來說肯定是敵人。但是，對消費者來說，方便又便宜的亞馬遜是他們的好夥伴。而且因為量販店拒絕使用Kindle，在鞏固網路客群的競爭上，腳步也慢了許多。

在現在這個時代，我們無法推測何時會出現其他競爭對手。只是制定對策應付已知的競爭對手毫無意義，對於未知的對手，我們也無法思考對策。因此，最完美的對策即是加強顧客服務品質。

注意競爭對手的動向，但絕不隨之起舞。比起在意對方的一舉一動，不如專注於讓顧客感動以攏絡客群。以結果來說，這也是一種競爭對策。

貝佐斯說：「我該花心思在顧客上，而不是競爭對手。」「在洗澡時我會想，如何才能提供顧客更完善的服務。」

這些都是在說明商人應該專注的焦點。

27 撤除行銷部，重視口耳相傳

二〇〇〇年，貝佐斯裁撤了公司的行銷部門，因為他發現已經再也無法用行銷方法開發新顧客。

那麼要如何吸引新顧客呢？

關於二〇一二年低價販售Kindle的策略，貝佐斯這麼說：「亞馬遜的商業模式是與顧客建立永久關係。」不只是Kindle，重要的是顧客是否能一直光顧。所謂粉絲或是常客這樣的客群，不只可以帶來長期利潤，而且也會以口耳相傳幫忙開拓新顧客。所以，能確實地比行銷帶來更大的利潤。

一般來說，人對於風險越大的事物，就越依賴口耳相傳的資訊。但情報越多，反而會減弱靠情報降低風險的效果。廣告就不用說了，現在連請到專家的權威行銷也無法規避風險。取而代之的是「因為有人推薦」或「認識的人覺得不錯」等口耳相傳的效果卻越來越好。

在這個時代，最好的商業模式是和消費者密切交流，並維持雙方的信賴關係。雖然網路讓人與人之間的交流變冷淡，但就因為如此，貝佐斯才會加強與顧客之間的關係。

28 用網路書評的力量，借力使力

貝佐斯藉著網路口耳相傳的力量，成功降低了消費者的風險。因為，他讓消費者以星級評分書本或商品，並撰寫「商品評鑑」。

特點是不論正面或負面的評價，所有感想都能作為口耳相傳的資訊。

當初在業界的反應相當糟，他們普遍認為「要是賣不出去就賺不了錢，竟然還讓消費者寫負面評價，真是無法理解」。

但是在「好的資訊」、「壞的資訊」和「好壞皆有的資訊」三種狀況中，人類最願意相信的是「好壞皆有」的回答。

我想不少人也知道，這是基本的心理學。儘管如此，大家當初卻不認同貝佐斯的做法，這也表示，業界被廣告上的常識束縛得有多嚴重。

因為貝佐斯將重心放在顧客服務，才能跳脫常識、自由思考。商品評鑑很快就得到消費者的認同，也成為亞馬遜的銷售賣點之一。

貝佐斯說：「我們並不是靠賣東西賺錢；協助消費者在購物時做出判斷，才是我們的獲利模式。」

29 人類喜歡避難就易，你的產品夠簡單了嗎？

亞馬遜在二〇〇七年以Kindle掀起了第二次革命。

貝佐斯從年輕時就非常勤奮用功還很愛閱讀，但他常覺得紙本書相當不方便，而Kindle正能解決所有問題。

當以往習慣的方法和新的方法同時存在時，要是新的方法並未帶來壓倒性的便利，那麼人類還是會選擇過去習慣的方法。

但貝佐斯卻認為「人類喜歡避難就易，越輕鬆的事越願意去做」，以此強調Kindle的優點包括了「攜帶方便」、「螢幕大，方便閱讀」、「能利用網路連結其他的資訊」和「一次能攜帶大量書籍」等。

如果能夠把大量書籍帶著走，閱讀量就會增加；如果攜帶方便且容易閱讀，購書量就會增加；如果Kindle又方便又好用，大家就會更愛閱讀了。

這不是紙本書和電子書哪一種好的問題。貝佐斯的想法是，書想要賣得更好，只要從現在開始能更方便閱讀、容易保存且攜帶方便就可以了。就像是要證明貝佐斯所說的話一般，二〇一一年美國亞馬遜的電子書銷售量，遠遠超過了紙本書。

Kindle在亞馬遜掀起了革命，並且成為全新的品牌。

貝佐斯格言

Bezos's Motto

如果你過度重視競爭者，那麼你得等他們行動才有辦法因應；但要是你著眼在顧客身上，就能成為業界先鋒。

"If you're competitor-focused, you have to wait until there is a competitor doing something. Being customer-focused allows you to be more pioneering."

※ 編輯部補充，非日文原書內容

第 4 章

眼光放遠

懂得蟄伏與耐心，才能做到第一。

30

嘗試新事物時，得耐心做到盡善盡美

創辦亞馬遜之前，貝佐斯參加了全美書籍銷售業者協會的入門講座，當時的會長理查・霍瓦爾斯（Richard Howarth）提到一則顧客服務的小故事，讓他印象深刻。

某一天，從店鋪二樓陽台掉落的泥土弄髒了一位客人的車，對方就在店裡大發雷霆，但霍瓦爾斯完全沒有露出不悅的表情，反而陪同對方一起到加油站清洗車子。

但很不巧的是，加油站剛好休息，所以霍瓦爾斯請對方把車開到自己家，然後他親手把車洗得乾乾淨淨。這位客人非常感動，下午又再到店裡買了大量書籍，而且透過口耳相傳，讓霍瓦爾斯的書店得到相當高的評價。

貝佐斯每年都會在祖父經營的牧場度過夏天，他在那裡學到，當問題發生時不依賴他人、自己解決，以及如何將事情徹底完成。這樣的經驗和霍瓦爾斯所說的故事完全相符。

貝佐斯說：「嘗試新事物時，需要耐心且熱情地做到盡善盡美。」這也完全反映在亞馬遜一直以來的經營方式上。

講座後過了幾年，貝佐斯與霍瓦爾斯再度相遇，霍瓦爾斯看著貝佐斯襯衫上的亞馬遜標誌，驚訝地說：「啊，原來你就是貝佐斯。」

31 當科技業都在比速度，他卻寧願做好萬全準備

在變化劇烈的領域創業，可能會遇到「盡快創業，否則來不及」或「先做好萬全的準備，否則會遭遇挫折」這種二選一的問題。

ＩＴ業大部分事情都講求迅速，但如同「盡最大努力也無法保證一定成功」這句話所說，快速不一定就會最好。

然而，貝佐斯表示「亞馬遜要是沒做好完善準備，不會輕易創業」，這並不是二選一的結果，而是希望兩者兼顧。

亞馬遜的創業確實就是如此。在一九九四年七月登記完畢，一九九五年二月更改公司名稱，實際開始營運則是在同年七月。

這段期間可能會有其他抱持同樣創意的公司開業，而且也可能會有像巴諾這種大型書店加入競爭行列。在這種危機四伏的狀況下，貝佐斯仍然花了約一年的時間做準備，真的是相當有勇氣。

不過，他其實心裡有數。假設有其他公司先行開業，也會因為準備不足鎩羽而歸。大型書店所需要的準備時間較長，所以也不可能太快加入戰局。

貝佐斯在網頁的試用版時，就改善了有缺陷或是難用的功能，實際運行時才能達成奇蹟般的成功。所以亞馬遜的勝利，可以說是在於其萬全的準備。

32 站在頂端也要不斷進步，才是永續經營的方法

比起跟對手競爭，貝佐斯更在意顧客服務；同樣地，比起引領時代潮流，他更深知企業應該追求永續發展。

因為曾有過因網際網路泡沫化從頂端摔落的經驗，他才有更深刻的體會。

有人說ＩＴ業的四大龍頭是谷歌、蘋果、臉書以及亞馬遜。對於此說法，貝佐斯則反問：「十年前誰會想到要把亞馬遜列上來？」表明了謙虛的重要性。他還說：「光照之處並不罕見，但是絕對不可沉溺其中，因為光不會永遠

存在。」

過去多數人都認同「企業的壽命是三十年」這個說法，但先不論壽命長短，確實沒有任何一間企業能夠連續三十年都保有人氣並處於巔峰。

所以不必為目前的評價而高興或難過，要以追求更好的服務為目標，這樣才能夠延長巔峰期，實踐更遠大的夢想。

消費者永遠是最重要的。比起成為聚光燈焦點，我們應該朝著消費者所在的方向前進，和他們建立起良好的信賴關係。比起利潤，應該要更重視服務。這才是能成功永續經營的祕訣。

33 善用豐田式思考法，聰明降低時間與成本

消費者之所以持續使用亞馬遜，除了點擊購物相當方便，又能從商品評鑑獲得大量資訊外，最重要的應該是「價格低廉」。

在日本，因為書籍的定價固定，所以過去很少人注意到亞馬遜的便宜價格。但隨著商品品項擴增，它所提供的高折扣也因此受到注目。即使在比價網上，亞馬遜提供的低廉價格也是名列前茅。

貝佐斯為了維持低廉的價格，而做了不少努力，其中之一就是導入豐田生

產方式。

所謂豐田生產方式，指的是一旦出現瑕疵品就立即停止生產，並將問題解決。停止生產當然會造成損失，因此有許多企業認為，就算瑕疵品出現，只要之後再處理就好了，所以生產線還是會繼續運作。

但這就是錯誤的根源。瑕疵品是最嚴重的浪費，重新製作或廢棄都需要花費時間和成本，所以立即停止生產線並解決問題，就長期來看反而能降低成本。

貝佐斯所說：「就結果看來，錯誤會衍生的成本最多。我們不過是保有餘裕，專心地從根本解決最小的問題，反而能夠抑制成本。」其實正是豐田式的思考法。

34 改變大家的消費習慣，你得抓住「嘗鮮的引導者」

亞馬遜得以快速成長，是基於創業前那一年的準備，而消費者「喜歡新事物」的特性更加速了它的成長。

就連貝佐斯也無法了解消費者的特性，所以在亞馬遜上軌道之前，他花了五年的時間做研究。

他慎重地表示：「抱著創造利潤應該很簡單的想法創業（在網路販售書籍），可是會遍體鱗傷的喔。」

大部分的人都是用自己的習慣來選東西。雖然美國的書店比日本少很多，但歷史卻相對悠久。而亞馬遜是第一個在網路販賣書籍的公司，貝佐斯認為，只要讓消費者慢慢習慣就沒問題了。

然而，最先注意到亞馬遜的，反而是那些不依習慣來購物的少數人。這些人擅於養成新習慣，而且適應速度也很快。他們成為強而有力的引導者，且比貝佐斯當初所預期的還要快就接受了網路販售。

貝佐斯對於自己的商業模式相當有自信，而且確信亞馬遜一定會成功。所以不久之後當亞馬遜受到眾人矚目時，成長速度便一飛衝天。

那份確信是對的，但「不久之後」卻是個令人開心的失算。

35 對前瞻目標堅持到底，但對細節作法保有彈性

即使貝佐斯的個性屬於凡事都要經過周全思考，而且行動時都會以長期為考量，還是會遇到不少預料之外的狀況，不過就結果而言也不全是壞事。

當創業初期設定的經營計畫都派不上用場時，網路環境產生巨變，亞馬遜便開始急速成長；當做好覺悟公司將會持續虧損的時候，又受惠於網路使用者偏好新事物的特性，收益反而增加了。當時之所以會出現虧損，都是因為貝佐斯持續將資金投資在顧客服務上。

就連周全且長期的預測，也都被現實中的巨變所背叛時，貝佐斯如何應變呢？「對前瞻目標堅持到底，但對細節做法保有彈性」貝佐斯的這句話給了回答。即使經過嚴密思考做出預測，還是有可能出現預料外的問題，或是開啟另一個新的市場。

網路世界就像是尚未開發的新大陸，接觸越深入，需要做的事情就會接二連三出現。這個時候如果還執著於過去的計畫和預測，因而無法及時應對，甚至做出錯誤判斷，就太愚蠢了。貝佐斯的想法就是如此保有彈性。

但他設立的目標卻非常明確，包括了以下三項堅持。

①時時以消費者為中心思考。

②持續發明。

③堅強忍耐。

貝佐斯篤定地表示，不論經營哪一種事業，都會時時堅守這三項堅持。

36

經營事業和投身慈善，都需要把眼光放遠

二〇〇八年，貝佐斯投資玻璃手工藝工房GLASS BABY時，向工房負責人建議「前進非洲」。非洲海岸的砂子無法用來製造玻璃，但考慮到如果能用的話，就可以產生相當多的雇傭職缺。

美國人有投身慈善事業的傳統。富有的人為了貧困的人動用自身資產，被認為是義務也是責任。目前以比爾蓋茲和巴菲特等美國資本家，聯合組成的慈善團體蓋茲與梅琳達財團最有名。貝佐斯也跟妻子麥肯西透過貝佐斯家族基

金，提供教育資金，並派遣人員前往災區協助。

貝佐斯認為慈善事業也需要以長遠的眼光來看。「如果只是捐獻未免太過便宜行事。若真心要做，就要注意所有細節，這跟一般企業經營道理相同」，他強調凡事都要從細微處做起。

如果期待短期內就能得到成果，那只要配送食材和醫療用品即可，但如果只這樣做，也只能短暫解決問題。如果想讓貧困者自立，並自食其力開啟財富之門，就必須振興事業、創造雇傭職缺。GLASS BABY與前往非洲發展，都是以長遠的觀點來思考的。

37 不要自欺欺人，只會忍耐無法帶來成功

有不少人認為，要解決艱難的問題就必須要有完美的對策，但貝佐斯卻覺得打好每一步基礎比較重要。

貝佐斯在二〇〇〇年創立了新事業「藍色起源（BLUE ORIGIN）」，挑戰低價且安全的太空旅行夢想，讓民間企業提供能取代NASA（美國太空總署）的選項。但在二〇一〇年，NASA注資美金三百七十萬元，卻經歷了必須損毀無人太空船的慘痛經驗。

不過貝佐斯沒有因此洩氣，反而帶著經營艱難事業的使命感繼續前進。貝佐斯說：「要有收穫只能『穩紮穩打，毫不鬆懈』地前進，我不會欺騙自己，只要再過一段時間就能變輕鬆。雖然只是一小步，但穩穩走好每一步，可以讓我們從中學到許多，也不會喪失目標。」

貝佐斯也追尋著開發綠色能源以及植入細胞裝置的夢想。這兩種都並非馬上就能實現，不過就像創辦亞馬遜，只要有毅力而且不斷地反覆實驗，終有一天會看到希望。

事前要做完善的準備，事後也要不停求改變。雖然貝佐斯是網路時代的革命者，但在背後支撐他的是堅忍不拔、一步一腳印的行動哲學。

38

思考問題時拉長時間軸，就能有效減少競爭對手

貝佐斯認為所有事業都要有長遠的計畫，因為如果能以長遠的角度思考，對事業發展會比較有利。

例如某件工作需要花三年來進行，就需要跟其他公司競爭。但同樣工作要是打算以七年的時間來進行，那只要跟極少數的對手競爭就可以了。換句話說，拉長時間可以降低競爭的壓力，不可能的事也會變得可能。

貝佐斯參與的太空事業和能源開發等，都是需要以長遠眼光來規劃的事

業，很難明確說出何時會有成果。但長期來看，貝佐斯相信只要沉得住氣，總有一天會看到成果。

他認為這種想法也有助於解決全球問題。例如糧食危機，要是以五年的時間來想，或許沒有解決對策。但貝佐斯卻說：「不妨試著以一百年後的立場來思考這個問題。」

他建議試著改變時間軸，就能找出解決之道。

以大家熟知的工作方法來說，擅長時間管理的人絕對會在記事本寫上「熟成時間」。因為從播種到收割，中間有一段時間是空白的。

在這段時間裡，就是能將收穫培育得更加豐足的時期。

39

資助超長期的「萬年時鐘」，展現的是亞馬遜的「酷」

貝佐斯資助了大筆金額給今日永存基金會（The Long Now Foundation），實施名為「萬年時鐘」的超長期企劃。他的理由是這樣的。

「所有事物都是一個長期計畫。」

貝佐斯和萬年時鐘也很有緣。他所尊敬的史蒂芬・賈伯斯在年輕時，很喜歡閱讀《全球目錄》（Whole Earth Catalog）這本雜誌。雜誌發行者斯圖爾特・布蘭特（Stewart Brand）所倡導的「人類應該以一萬年為單位來思考」概念，首先就是應用於萬年時鐘。時鐘高六十一公尺，完成後每天都會響起鐘聲，且完工後的十年、百年、千年及萬年紀念日，都會有音樂響起。

以如此長遠的眼光，而且又是以建造時鐘為主題，或許很難引起共鳴。但我想當時貝佐斯是以如同以下，記載著亞馬遜價值觀的記事為參考，將「有什麼事情是很酷的」作為衡量依據。

「探險未開發之地很酷，但征服就不酷了。
有信念很酷，但迎合大眾就不酷了。
有遠大理想很酷。
出乎意料的發展也很酷。」

正因為抱持著如此前所未有的觀點，亞馬遜才得以成為創意的寶庫。

貝佐斯格言

Bezos's Motto

亞馬遜能夠獲得成功，是因為有三件大事我們擇善固執了整整18年：顧客第一、創造發明以及具備耐心。

"We've had three big ideas at Amazon that we've stuck with for 18 years, and they're the reason we're successful: Put the customer first. Invent. And be patient."

※ 編輯部補充，非日文原書內容

第 5 章

進化計畫

以訓練肌肉的精神，
一步步養成企業的改革體質。

40 企業改革成功關鍵在於：信念、勇氣與耐力

高呼改革必要性的人很多，但改革需要長期的時間、忍耐，而且也得負擔資金壓力，還有可能會失敗。連貝佐斯都曾指出：「如果從零的狀態開始進行改革，必須抱持著得等待五年、七年，甚至十年時間的心理準備。但能夠等上十年的公司卻少之又少。」

亞馬遜在創業之後，既是革命也是創新的Kindle同樣也需要時間開發。二〇〇五年開始著手開發，直到二〇〇七年產品才問世。

而且在設計或價格也出現問題，所以一開始並沒有獲得太好的評價。就書籍電子化這個部分，跟出版社的交涉也不太樂觀。著手開發電子閱覽器後將近十年，到現在仍有人抱著懷疑的態度，質疑價格如此低廉的電子書是否真能帶來利潤。

Kindle無疑讓書籍進入了電子化時代，但天下事有得必有失。

大企業之所以很難進行改革，大多是因為無法承受這極大的犧牲，所以許多人都被擊退。即便成功了，一開始還是會遭到「失敗」的批判，這讓大企業的社長承受了莫大的壓力。請牢牢記住，只要改革能夠成功，革新就能成為促進公司發展的最大利器。

41

創新就像鍛鍊肌肉，不常使用就會逐漸衰退萎縮

不只是大企業，任何組織開創新領域時，都會遭遇來自各方的強烈反對。不論目前情況是好是壞，他們都會以「要是失敗了怎麼辦」的理由反對，這可能就是保守人士的本能。

亞馬遜也遇到了這樣的問題。

當初，亞馬遜只販售書籍就獲得成功。但不久之後，貝佐斯開始提及有關「泛舟」的想法。

他希望亞馬遜能夠做到，消費者只要搜尋「泛舟」這個關鍵字，不但能買到相關書籍，同時也可購買泛舟會用到的划槳和防水夾克。

這不只遭到公司外部相關人士的反對，連公司員工也不贊同。

直到一九九八年，他平息來自各方的反對聲浪後，著手增加CD以及其他商品的販售，二〇〇六年開始提供雲端運算的「雲端硬碟」服務，二〇〇七年開始販售Kindle。

為何即使公司營運狀況很好，貝佐斯還是不顧公司內外反對，冒著風險進行改革呢？貝佐斯認為：「這就跟鍛鍊肌肉一樣，常使用就能鍛鍊出強壯的肌肉，否則只會漸漸衰退。」

大部分的成功企業會害怕改變，並盡可能採取安全營運策略。但貝佐斯反而持續改革、創新，這正是亞馬遜的競爭力能大幅提升的原因。

42 亞馬遜的挑戰文化：無懼失敗

是要將成功率低，不容易實現做為「無法成功」的理由，還是把它們視為「這樣才有奮力一搏的價值」，將決定是否掀起改革。

就如貝佐斯所說：「改革和發明的部分本質就是失敗，要是已經知道會成功，那就根本稱不上是試煉。」所以不論是應該做的，或是想要做的事都要去嘗試。

貝佐斯也說過：「我們沒有無懈可擊的強處，所以才要用許多小優點編織堅韌的繩索。」事實上，貝佐斯知道自己有強而有力的優點，但他也了解，志得意滿的同時，將伴隨著衰退的開始。只有透過改革不斷創造出強項，才能成為經得起競爭考驗的企業。

貝佐斯當然經歷過多次失敗。

某位員工說：「貝佐斯讓企業內部養成重視行動的文化，所以我們才能不斷地嘗試、經歷許多失敗，但也因此避免真正致命性的失敗。」

大多數企業都希望員工能勇於接受挑戰，但問題是該如何避免產生致命傷。要是限制太多，那麼就算再怎麼鼓勵員工挑戰，應該也沒有人願意去嘗試。貝佐斯說「如果想要創造新東西就應該坦然接受過程中的失敗」，這就是亞馬遜的挑戰文化。

43

「沒有前例」不是理由，就讓自己變成前例吧！

當然也有人反對增加銷售品項，或擴展服務以及開發Kindle等硬體設備。反對會不斷出現，像是「沒有前例」、「不保證能成功」、「沒有預算」、「沒有人力」、「沒有理由」等，什麼都可以成為反對的理由。

而貝佐斯是這樣反駁的：「做生意最常被質疑的就是『為什麼要這麼做』。這是個好問題，但我想『為何不能做』這個問題也同樣具有正當性。」

的確，要做了之後才知道有沒有可能性，以及自己是否有能力。不去嘗試就永遠不會知道。

我們經常可以聽到的反對理由是「沒有前例」，但勇於成為前例的人就是革新者。只要我們自己成為那個前例不就得了。

在記錄了亞馬遜價值觀的貝佐斯記事本上，我們可以看到這樣的內容：

「敢承受風險的人很酷；追隨成功者不酷；發明者也很酷。」

然後貝佐斯最後寫了這句話做結尾：「光告訴顧客你有豐富創意是不夠的，也要讓他們知道，你同時也具備了開拓精神。」

44

從「基本功能」著手，就能創造與眾不同的商品

有個名詞叫做「價值工程學（Value Engineering，簡稱ＶＥ）」，意思是注重實際功能、開發新創意、降低成本及提高產品價值的方法。

例如在說明圖表時會用的指示棒，要是局限在棒狀就很難有新創意，頂多就是改變棒子的材質和長度。但只要將焦點放在「指出重點」這個基本功能，就能激發新的創意。然後誕生的就是雷射筆。

貝佐斯的創意思考也跟ＶＥ相同。

他在開發電子閱讀器之前，問自己「為什麼會喜歡散發出油墨味的書本？」答案是，因為書連結了過去自己曾熱衷的世界。但同時他也發現了，他並不是真的喜歡印刷書。

他說：「我愛的是語言和創意」。

書籍的本質就是「語言和創意」，這跟是不是印在紙上無關。只要注意到這一點，就能製作出超越傳統的書籍，還能再附上紙本書做不到的機能。這指的正是電子書。

因為書籍銷售低迷，所以有人會說：「這是夕陽產業。」但只要改變觀點，就算是夕陽產業也能改革與創新，貝佐斯正證明了這一點。

45 阻礙是改革的最大助力，沒有反對就不會有檢討

貝佐斯說過，「讓人想盡情挑戰的文化是很愉快的。而『被制度化的No』的反義就是『被制度化的Yes』吧。」這是相當前衛積極的企業文化。

當然，改革必定會遇到阻礙。有時目標越遠大反而越不知道該從哪裡著手。

但貝佐斯說，改革時無法避免進入死胡同，不如說這些無路可走的窘境反而是促使改革的重要關鍵。的確，沒有任何反對聲浪、沒有失敗、也沒有改正

檢討，就不會有改革。

貝佐斯是這麼鼓勵員工的。

「任何阻礙都有其價值。」

「柳暗花明又一村。」

「得刻意走入死巷，並以此激發勇於嘗試的心態。」

遇到越多阻礙的人，就越能開創自己的一片天。看不見前方道路的不安並非失敗前兆，而是表示出口就在不遠處。成功者會以行動排除反對聲浪並克服失敗；相對地，失敗者會因為害怕反對聲浪和失敗而裹足不前。

46

讓反對者看見未來願景，就能讓他們為改革出心力

改革的結果通常難以預測，有許多人就是因為這個理由而反對。一般來說，反對的人保守而不知變通，但如果沒有爭取到他們的認同，改革就無法成功。所以不要只想用道理來說服他們，或是覺得他們愚蠢就放棄溝通，而是要改變他們的想法，讓他們也願意為改革出一份心力。最有效的方法就是，讓他們看得見未來願景。

貝佐斯大學畢業後沒多久，就在控股銀行Bankers Trust負責電腦系統開

發，讓顧客在家裡透過電腦就可以了解信託投資的狀況。而以前要收到銀行郵寄的報告書才能知道投資狀況，所以這個新方法對顧客來說是很大的進步。不過當時人們對ＩＴ技術信賴度不高，公司內部有許多人都抱持反對意見。貝佐斯不但年輕，而且又是身為公司副社長的優秀人才，要以權力來壓制這些反對者一點都不難。

但他並沒有採取極端的做法，反而跟反對者說：「我對這個新技術很有信心，我們來看看它是怎麼運作的吧」，然後就在大家面前實際操作。

看完實際操作情形後，反對者接受了貝佐斯的想法，並大力協助他推行。想要改革，就必須想得周全，注意每一個細節。

47 降低實驗費用、增加實驗次數

不少企業既有錢又有人才，但卻沒辦法改革。像是二〇〇〇年左右，微軟花了比蘋果多十倍左右的研究開發費用，卻沒能開發出任何新產品。

為什麼這兩家公司會有這麼大的差距，可以從貝佐斯的談話中略知一二。貝佐斯鼓勵員工「降低實驗費用，但盡量增加實驗次數。只要將實驗次數從一百次增加到一千次，革新的次數就能大幅增加」。從創新成本來看，即便花了十倍的費用，卻也無法保證一定能創造出新產品。

貝佐斯認為成功的創新並非來自不虞匱乏的費用，而是取決於自由的環境。他將束縛自由的專家稱為「看門人」，就算有再好的想法，只要有斷定「那一定行不通」的看門人在，創新速度就會變慢。只有在沒有看門人的環境中，才有可能挑戰宛如天方夜譚的創意。貝佐斯說「通常那些看似無厘頭的想法會出乎意料的成功。這種具彈性的思考方式，對社會發展極有幫助。」

48 保持尋求答案的態度，因為十年後的狀況，最多只能預測二%

從一九九三年至一九九四年，網路被視為一項充滿魅力的的工具。如今過了二十年，全世界所有人的生活都離不開網路了，網路成為日常生活中稀鬆平常的一環。

即使如此，貝佐斯仍認為網路的未來指日可待。

這個世界還有太多未知的事，所以一定要保持謙虛，這樣就會發現更多有趣且值得去做的事。

事實上，他曾在一九九八年表示過：「對電子商務來說，目前就像萊特兄弟第一次飛行成功的時代，還有許多有趣的事物等待發明。」雖然亞馬遜比其他公司更了解網路銷售，但他仍認為「十年後的狀況，現在最多只能預測二%」。

現在知道的只有二%，你會覺得失望還是更有幹勁呢？我想這就是凡人與創新者的差別。

我們不知道網路究竟開發了百分之幾，而且也不曉得它究竟能成長到什麼地步。貝佐斯以「還有二%」的說法來提醒員工，能夠做、應該做的事情還有像山一樣多，而能否找到答案將會成為決定未來的力量。

貝佐斯格言
Bezos's Motto

如果你早就知道會成功，那就不叫實驗了。

"It's not an experiment if you know it's going to work."

※ 編輯部補充，非日文原書內容

第 6 章

逆向策略

亞馬遜一反常規忽略利潤，
卻因此站穩無法取代的品牌地位。

49 企業經營不該受股價影響，時間會證明一切

股票上市後，亞馬遜的股價不斷上漲，雖然之後因網路泡沫化而大跌，但沒多久又再次上揚。

貝佐斯不會因為股價起伏而讓心情受影響，他一直認為有其他更重要的部分值得重視。

貝佐斯所敬仰的投資專家巴菲特的恩師，同時也是美國著名經濟學家的班傑明・葛拉漢（Benjamin Graham）曾說：「短期而言，市場是一台投票機，

但長期而言，市場是一台體重計。」貝佐斯對此深信不疑。

股價會被企業受歡迎的程度與風評所影響，因而出現與企業實力無關，股價極端上下浮動的現象，因此市場如同一台人氣投票機。但就長遠來看，真正優秀的企業會得到符合實際價值（質量）的評價，所以決定要買哪一支股票後，其實沒必要每天盯著股市。

以葛拉漢這個想法為基礎，貝佐斯認為比起股價的變動，提升企業價值更重要。他提醒因泡沫化而害怕股價下跌的員工「別受到股價影響」。能力絕不會因為股價上漲三〇％就也跟著上漲三〇％，因此，當股價下跌三〇％也不須擔心。當然貝佐斯並非完全不在意股價，但他不會為了提高股價而追求短期利潤。

50 只做不會失敗的保守投資，無法創造長期利潤

以長遠眼光來看，只要進行對消費者和亞馬遜來說，真正有價值的投資就好。企業價值提升，股價自然會上升，所以亞馬遜不在乎利潤多寡。只要確立了「無視短期利潤，致力追求永續發展」的立場，就無須害怕失敗了。

貝佐斯就是這樣的經營者。

最近，有不少企業家也開始重視永續經營的理念，但還是有不少企業，被「公司是股東的」這樣的觀念所束縛，不斷追求漂亮的財報數字與更多獲利。

但貝佐斯從股票上市以來，完全沒有想過要改變亞馬遜「不追求股東期待的短期利潤」、「比起獲利，市占率優先」和「著重於提升消費者價值」等做法。

這種想法在凡事講求對等價值的美國是個特例，但貝佐斯仍堅守不被利潤左右的信念。一九九九年的股東大會上，他表示：「只做不會失敗的保守投資，無法創造出長期利潤，這對各位股東來說，就等於我們沒有做好份內工作。」還大膽斷言：「投資就要有失敗的準備。」

51

不以利潤和收支定經營方針，要掌握的只有未來的市占率

貝佐斯說：「我們不會做形式上的獲利與收支平衡預測，也不會像這樣預測未來。」還說：「我沒有談論未來的習慣。」

一般公司會從獲利多寡和收支平衡點去觀察現況，決定未來發展的方向。但亞馬遜卻不這麼做，而是以消費者為出發點，思考什麼對他們最好，然後決定目前的經營方針，並依據他們的反應改變未來發展。

他甚至認為，只要能掌握未來的市占率並提供更好的服務，即使犧牲目前

的利潤也沒關係。他似乎是一位會讓股東和投資人跳腳的經營者。

貝佐斯常將夢想和願景掛在嘴邊，但卻很少談到經營數據。曾經發生過，貝佐斯將經營數據資料寄給員工，並表示：「把它換成黑字。」但記者看到此封郵件時，上面的日期已經被塗銷掉了。

他並不是缺乏金錢概念的人。從日常生活的儉約及對實驗成本的堅持，都可了解他是把錢花在刀口上。

貝佐斯不喜歡凡事都以數據來判斷。數據會壓抑夢想，有時也可能因此而做出錯誤的判斷。他堅信，在這種環境下是不可能做好事情的。

52

亞馬遜是否值得投資？決定的人是消費者

投資人者總是拚命找值得投資的企業，而最理想的投資對象，應該是高度成長、高股價並能穩定成長的企業。

但貝佐斯卻不打算滿足他們的期望。

「對於亞馬遜是否值得投資這個問題，我從未給過任何建議。而且也不想花時間去思考，當然也不會提供任何建言。」他真的表現出冷淡的態度。

投資人對於克服網路泡沫化的難關、投入電子閱讀器的開發，並且到現在仍持續成長的亞馬遜期待相當大。

其中也有人批評貝佐斯的理念和夢想。在公司內部，有反對的聲音，但也有人給予掌聲。

他勸告大家不要只以片面的資訊就對企業做出評價。要做投資判斷時，不能只著重眼前利益，而是應該看清企業整體的狀況。

最重要的不是提高投資人對企業的評價。不管華爾街的投資人怎麼說，重要的是消費者，為了他們提供優良的商品及服務，這樣才能讓事業充滿願景及希望。

決定亞馬遜是否值得投資的並不是投資人，而是消費者。

53 把錢花在刀口上，但要不吝投資在顧客服務

以利潤來決定企業的優劣並沒有錯。普遍來說，大家都認為企業存在的目的就是要創造利潤，並且為了獲得更多利潤而持續運作。

但亞馬遜並不這麼想。即使股東催促趕快提高獲利，貝佐斯仍致力擴充顧客服務；即使無法增加獲利，他仍將資金用以擴大市占率。

譬如，二〇一一年十二月的營業額是美金四百八十一億元，營業利益率卻只有一・八％，但其實這還算好的。

網路面臨泡沫化時，亞馬遜創下全ＩＴ業最大的虧損。第一次轉虧為盈是在二〇〇一年第四季，而二〇〇三年一整年，營收才都是正數，但直到二〇〇九年才彌平虧損。

原因顯而易見，當然是把賺得的利潤拿去擴充顧客服務。企業本身不浪費，但為了消費者卻不吝於投資，是貝佐斯的信念。

在一九九七年，貝佐斯就說過：「雖然現在沒有獲利，但真想創造利潤也不是不可能。創造利潤很簡單，但同時也很愚昧。」他這個想法到現在還是沒有改變。

對貝佐斯而言，網路仍是一個機會寶庫。比起創造利潤，更需要投資機會。這也是谷歌和臉書的經營哲學。

54 不花對消費者沒意義的錢，節儉能讓人學會臨機應變

亞馬遜內部有「領導的十四原則」，而關於「節儉」的內容如下：「不花對消費者沒有任何意義的錢，節儉讓我們學會臨機應變、自立以及願意下工夫。我們也不會高估人員、預算和固定費用。」

亞馬遜絕不浪費！

創業時，亞馬遜的辦公桌是貝佐斯在門板裝上桌腳，親手組裝製作，且辦公室家具也全都是他從車庫拍賣購得的中古品。

書籍裝箱也都是全員一起來，他們還因為雙手和膝蓋接觸水泥地板，而全身痠痛。即使如此，貝佐斯還是沒有想到要買工作檯，反而提出「我們現在需要的是護膝」的想法。最後，竟然還是員工向他建議：「買個工作檯如何呢？」

亞馬遜的薪水也不高，這跟其他科技業以高薪和股票選擇權（Stock Option）來挽留人才的方式不同。

貝佐斯相信，頂級人才如果對工作懷抱夢想，自然就會願意加入。他們絕不是為了錢才工作。貝佐斯不屈不撓建立起來的是亞馬遜的節儉精神，以及為了消費者投資的堅持。

55 用高品質低利潤競爭，就能輕鬆獨占市場

企業要在競爭中勝出的策略有兩種：一是提升品牌競爭力，以高價販售，創造高利潤；另一個是加強成本競爭力，就算低價販售也能獲得相當的利潤。

賈伯斯採取了前一種策略。他不喜歡大量銷售品質普通的商品，而是製造出即使價格較高，消費者也願意購買的創新商品。不被價格競爭所影響，就是蘋果成為高收益企業的祕訣。

貝佐斯卻有點不同。他將兩種方法的優點折衷，定出亞馬遜的專屬策略。

提高品牌競爭力，又能低價銷售。

有不少企業會以高價販售創新商品，但以低價提供創新商品的企業卻少之又少。這些企業不僅能擺脫價格戰，還能遠離所有競爭。

貝佐斯認為亞馬遜的做法是：「競爭對手的利潤就是我的機會。」

高利潤會為公司帶來收入，但另一方面也會有許多企業爭相加入。

蘋果在獲取高利潤的同時，也促使三星電子進入同一戰場。

貝佐斯為了不讓對手有此機會，於是以低利潤提供高品質商品，讓自己能夠獨占市場。

56

訂定產品價格時，要考慮所有消費者的接受程度

貝佐斯認為大多數的科技業都太在意利潤了。他想強調的是，利潤低的科技業只有亞馬遜而已。以高價銷售高品質商品是理所當然的，但以低價提供高品質商品，正是貝佐斯訂定價格的策略核心。

「我們希望能提供最佳服務，但對於不太在乎服務品質的顧客，我們也會注意，將價格定在他們能接受的範圍。」

譬如書本價格，除了教科書和專業書以外的一般書籍，貝佐斯說：「美金

九．九九元是一般讀者能夠接受的最高價格。」

而電子閱讀器中，最便宜的機種也要美金七十九元，所以大部分的人對這個價格不太滿意。

一般來說，高級商品因為是以高價販售，所以它還附帶了夢想。

譬如豐田最高級車種Lexus，剛開始在日本販售時也是一樣，不使用過去的銷售網絡，而是特別設置一個專門銷售網，並積極向不同業界的麗思卡爾頓酒店（The Ritz-Carlton）學習顧客服務技巧。因為最高級的車款，就該提供最高級的服務。

亞馬遜的做法則是幫消費者實現，能以合理價格購買到高級商品的夢想，可說是相當創新。

57

為了遠大的太空夢，他無視利潤放手一搏

貝佐斯小時候的夢想是成為太空人或物理學家。高中時，因參加NASA徵文比賽，讓他有機會前往馬歇爾太空飛行中心參觀。他公開表示，未來要建立一座商用太空中心，因此他希望能夠成為大富豪。

為了實現夢想，他成立了藍色起源（Blue Origin），或許無視利潤只為了遠大的夢想放手一搏，就是貝佐斯的真正面貌。

關於嚮往太空的契機，貝佐斯是這麼說的：「五歲時，看到阿姆斯壯在月

球漫步，燃起我對科學、物理、數學以及探險的熱情。」

希望「將來有一天能飛上太空」，但卻不單想著自己去的這個想法，十分有貝佐斯的風格。他的目標是讓更多人，以更便宜的價格，更安全地飛向太空。

這原本是NASA的任務，但卻因為預算削減而難以實現。他為了表達對NASA的敬意，才創立了藍色起源。

人會因為各種理由而創業，貝佐斯的動機之一就是「太空夢」。以長遠視野努力，一定能夠實現這個夢想。對他來說，說不定創立亞馬遜也只不過是實現太空旅行的手段之一。

58

為了將夢想傳承給下一代，沒利潤、沒好處他也無妨

二〇一二年三月，貝佐斯發表了一項計畫，要從大西洋海底打撈，曾將阿姆斯壯送到月球的阿波羅11號太空船引擎。

對他來說，執行這個計畫幾乎不會帶來任何好處，不只與亞馬遜無關，對藍色起源的事業也沒有貢獻。或許會提高知名度，但不管是亞馬遜還是貝佐斯都已經很有名了，那為何他還願意投入龐大資金呢？

貝佐斯說，小時候他因為NASA的阿波羅計畫而燃起對太空的熱情，這

次輪到他帶給孩子們夢想。

「這個計畫說不定會讓小朋友萌生發明或是冒險的夢想不是嗎？」

他相信科技能讓人類變得更幸福。要發展科技，就要讓年輕人及小孩對發明、發現、冒險感到興趣，並且願意不斷地挑戰。

比起說貝佐斯是世界最大書店的老闆，或許不如說他是將進步的火炬遞交給下一代的傳承者。二〇一二年，普林斯頓大學的畢業典禮上，他告訴即將畢業的學生：「你們將見證技術和科學的驚人發展。」其中飽含對科技繼承者的期待。

貝佐斯格言

Bezos's Motto

別用毛利率評斷公司企業，而是要看他們實際上賺了多少錢。

"Companies are valued not on their percentage margins, but on how many dollars they actually make."

※ 編輯部補充，非日文原書內容

第 7 章

商品開發

貝佐斯每天早上睜開眼，
想的都是如何為消費者「帶來驚奇」。

59

了解創造前必須先破壞，就是亞馬遜的強項

成功之後，可能很快就會遇到棘手的事。有時必須自我否定曾帶來成功的商品、服務或是做法。越是成功，自我否定所帶來的痛苦就越強烈。

蘋果便是如此。開發iPad就意味筆記型電腦的銷售額會減少。賈伯斯坦然表示：「自己不承擔結果，那又有誰能承擔呢？」

貝佐斯同樣也做出結論。那就是亞馬遜破壞了各業界既有的經營生態，所以絕不可能只有自己能平安無事，可見他擁有自我改革的企業文化。

「我們最大的強項就是，能完全接受創造的同時必有破壞。」

如果亞馬遜在成功銷售紙本書籍之後便維持現狀，那應該就不可能一鼓作氣以電子閱讀器擴展電子書市場了。貝佐斯連自己的事業都能毫不在乎地破壞，才能不斷推出新商品，提供更好的服務。

柯達公司（Eastman Kodak Company）執著於能為公司帶來成功的底片，所以對投入數位相機市場多所保留。看著這樣的結果，貝佐斯深知「沒有進步極其危險」，所以他不會停止挑戰。

60

把消費者的反饋做為試金石，取代大量的創新實驗

一九八八年，亞馬遜在一開始進入音樂業界時，從各音樂類型中列出了十項「必買CD」。

貝佐斯主觀認為這份清單是完美的，而且因為從事的是網路商務，所以要是選錯了銷售CD，就會收到許多消費者的抗議郵件。「網路商店的優點之一，就是能立即得到他們的反饋，這會讓清單變得更完整。」

網路商務能立即且直接得到許多消費者的回應。如果像過去，只能從明信

片或電話這些管道接收消費者的回應，不僅數量稀少，而且也很花時間。但是，網路卻截然不同。

貝佐斯能充分利用網際網路的特點，也與創新有關。

創新需要經過許多的實驗，消費者直接且大量的回應取代了實驗。

在網路時代，要製造出優良商品和提供高品質服務，就必須站在顧客的立場思考。貝佐斯也說：「從與消費者站在相同立場開始，透過他們的反饋來進行改革。這是我們創新的試金石。」

61 別忽略消費者的大數據，你就能做出最好的選擇

網路銷售意味著，無法避免消費者不留情面的比價，因為只要搜尋比價網，馬上就能知道最便宜的價格，亞馬遜也不例外。再怎麼提升品牌力，採取低價銷售的策略，仍然不敵比價模式，最後還可能遇到強勁對手而敗北。

但貝佐斯卻完全不擔心。

他認為消費者理所當然會比較價格和功能，因為這就是電子商務的做法。

「要是不知道消費者會蒐集到幾乎完美的資訊，就貿然訂定商業策略，可是會

碰上大問題。」

沒有經過充分思考，可能會產生大問題，但要是能確實做好每一階段的計畫，就根本不需要害怕。只要去思考，哪一種東西對消費者來說比較好，可以多快速、多便宜地提供給他們，然後持續挑戰就可以了。

谷歌創辦人之一的謝爾蓋・布林（Sergey Mikhaylovich Brin）說過：「只要掌握正確資訊，人類就能做出更好的選擇。」「多知道一些事情不會有任何損失，反而是一種收穫。」

被擊敗的通常都是拒絕進步的人。

62 成功不是要贏過某個公司，而是不斷為消費者改進

貝佐斯經常站在消費者立場思考。他所有創意發想都不是來自「因為別家公司也這麼做」或「因為流行」，而是將注意力集中在消費者身上，然後不斷改進。

貝佐斯從來沒有抱持過「要靠著擊敗對手讓自己成長」這種想法，他曾說：「成功不一定要爭個你死我活」、「亞馬遜認為自己是一個探險者」，所以要持續探索能讓顧客感到驚喜的獨創服務。

世界上有許多優秀的創意，每個企業都該跨越業界的高牆，藉此找出並積極吸收新的想法。

但可不能完全模仿，亞馬遜的做法是加入了別具一格的巧思。

貝佐斯從亞馬遜創業時，就從未有過「所有軟體設備都要由自家公司製造」的想法，但這卻是許多創業者都容易陷入的迷思。

譬如業務和資料管理，他就使用資料庫軟體公司甲骨文的系統。雖然價格昂貴，但如果自己公司要設計出同等級的軟體，就需要耗費大量人力、時間和金錢。

貝佐斯認為，要是有這些資源，就應該用來集中開發顧客服務，亞馬遜有趣的系統就是這樣誕生的。

63

改進加上獨特想法，就不用模仿其他公司

貝佐斯說過：「絕對不去模仿其他公司」、「只要無法提供不一樣的服務，就絕對不做」和「亞馬遜絕不採用普通的作法」。

單純模仿不可能超越原創。貝佐斯從不模仿，而是會思考那項「原創」有沒有可改進的地方，並將其作為創新的種子，就能孕育出超越「原創」的服務。這樣的結果，可以說與現在亞馬遜的成功息息相關。

亞馬遜在二〇〇七年開始銷售Kindle，那時，距離電子書初次問世已經過

了十五年。經過這麼久的時間，照理說應該會有優良的閱讀器領導品牌出現，但事實上卻沒有，而且市面上的電子書也很少。

為了打破現狀，貝佐斯著重在紙本書籍無法提供的功能上。

例如改變字體和文字大小、可直接查字典，或是不用電腦以無線網路就能傳送與接收電子書。如此具挑戰性的電子閱讀器創意，讓電子書越來越普遍。

64 不活在他人的陰影下，每天都想著要驚豔四座

就像討厭「普通」和「模仿」，貝佐斯也不喜歡媒體幫他貼上「網路界的○○」、「現代的△△」這種顯而易懂的標籤。譬如他尊敬的賈伯斯過世時，他也不喜歡聽到有人叫他「後賈伯斯」。

「每天早上起床時我都會想，要是我是只能用八秒鐘做出摘要宣傳短句（電視或廣播中用來總結狀況的短句）的記者或重要人物，絕對要說出能讓人驚嘆不已的內容。」

一般人可能會接受別人給自己的標籤，不知不覺中變得配合那個標籤去思考或行動。但貝佐斯會馬上撕掉標籤，因為如果不這麼做，就沒辦法開發新商品。就連在沒有人知道的創業準備期，他也為了新系統的開發絲毫不鬆懈。

例如網站在進行測試服務時，他發現沒辦法追蹤拜訪網站消費者的行動。像是看過A這本書後買了B，也看了C，亞馬遜無法掌握這是否是同一消費者的點閱紀錄，所以他認為必須要立即做出能改善這點的系統。

開始一件新的事情時，每一個階段的經驗累積都很重要，無法像貼標籤那樣簡而概之。

65

反覆選擇，累積你強大的經驗

貝佐斯在一九九四年，因德劭集團的啟發，認為網際網路將會急速成長，因此萌生在網路販售書籍的想法。但在創辦人蕭大衛否定了他的提案之後，貝佐斯捨棄高薪職位，離開德劭基金，成立了亞馬遜，做出這個決定並不簡單。

但從「後悔最小化」的觀點來看，貝佐斯在二〇一〇年，普林斯頓大學的畢業典禮上曾提過，他對自己的選擇感到驕傲。他特別強調，選擇對人生的重要性。

貝佐斯問畢業生們，要選擇輕鬆的人生，還是對人類有幫助，充滿冒險的人生呢？

要追隨惰性？還是追求熱情呢？

面對困難時，是放棄？還是堅持下去呢？

要成為只會批評別人的人？還是有所作為的人呢？

最後他以「現在的我們，就是自己反覆做出選擇後的結果」這句話做總結。

不只是重大選擇。要隱瞞還是坦白，要吃還是不吃等微不足道的選擇，經過長久的累積就會內化到心裡。人活著就會不停地變化，要改變自己其實並非不可能。

66 不要只學會用Excel，而是該學如何做出Excel軟體

創造新商品時，巧妙運用現有產品雖然也很重要，但更需要的是，自行思考並且完成的能力。

我們經常可聽到，當你問學生：「在學什麼？」他回答：「電腦。」接著問：「例如哪些東西？」對方回答：「計算軟體Excel的使用方法。」很令人失望吧！

學習Excel非常好，但如果只有這樣，就只是善用現有的東西而已。重要

的是，要去學習創造出像Excel這樣的軟體！

貝佐斯從小時候開始，就非常喜歡使用希斯公司（Heath Company）的電子產品組裝工具包「Heathkits」來製作各種機器。

十二歲時，他沉迷於立方體內側裝有電動鏡面，如萬花筒般的裝置，所以拜託母親買給他。但因為太貴，所以被拒絕了。

不過貝佐斯不願放棄，購買了比較便宜的零件，然後製作出同樣的東西。他認為「即使這個世界好像只要會按下別人教你按的開關就可以，但我們還是必須具備思考力才行。」

經過思考再創造很重要，如果能做到這一點，接下來只要按下開關就行了。

67 對於改變，不該有絲毫猶豫

在經營方面，貝佐斯不斷嘗試新的挑戰，而如何守護住最後取得的專利，其實也是另一種挑戰。

只要點一下就能買東西的「點擊購物」，對亞馬遜的成功，帶來很大的幫助。此機制不但極為簡化，而且也能節省時間。

亞馬遜在一九九九年取得點擊專利，卻也導致同樣使用點擊方式的巴諾書店，侵害到亞馬遜的專利。

讓亞馬遜居於競爭優位的點擊專利也引起眾人的議論，有些人甚至要求他們「放棄專利」。貝佐斯認為能位居競爭優位並不是因為擁有專利，而是與服務品質和價格有關，當然拒絕放棄。

他強調的是，經營方法和軟體專利不應該像其他專利一樣，建議最好將專利年限，從原本的十七年縮短為三至五年。如此一來，亞馬遜可能會失去競爭優勢，但貝佐斯說：「如果這是縮短專利年限的代價，那反而應該開心。」

軟體專利如果會對業界帶來很大的傷害，那就改變規則吧。對於改變，貝佐斯可是沒有絲毫猶豫。

貝佐斯格言

Bezos's Motto

我從來就不想把自己的創意能量，耗費在別人的使用者介面上。

"I don't want to use my creative energy on somebody else's user interface."

※ 編輯部補充，非日文原書內容

第 8 章
組織戰略

縮小行動小組編制，延攬優秀人才。

68 不是人才就不錄用，且標準要嚴格

貝佐斯認為，維持高水準的人才資源很重要，自創業起，他就非常注重。他尋找的是最優秀的人才，如果不優秀，那就沒有錄取的必要了。

而且重要的不是經歷。亞馬遜為了開創新事業所追求的人才，除了頭腦清晰且聰明外，還要堅信世界可以改變，並樂於挑戰。

貝佐斯說：「要是經營者沒有信心能錄取到優秀人才，那應該就能理解，這些沒被錄用的人才，將來就只能走上創業這條路了。」

他想找的是有能力創業，能成為公司競爭對手的優秀人才，而且他的要求會越來越嚴苛。程度甚至會讓現在被雇用的人，在五年之後產生「還好那時候我被錄取了，否則現在未必會被錄取」的想法。

亞馬遜的待遇並沒那麼優渥，因為貝佐斯認為，高報酬和獎金制度會威脅到團隊合作。儘管如此，亞馬遜仍然聚集了許多優秀人才，理由很簡單，那就是它具有「別的公司給的薪水較高，但如果真想要有所作為，就應該要選擇亞馬遜」的魅力。

69 人生苦短，沒空跟無趣的人打交道

貝佐斯年輕時，對交往女性訂出了條件，他稱這些條件為「女子力」。到底是多厲害的條件？其實簡單地說，就是具備了靈活的反應且聰明的女性。他覺得「短短的人生，沒空跟無趣的人打交道。」那麼交往的女性，當然也要慎重選擇。

一九九三年，貝佐斯和麥肯西（MacKenzie Bezos）結婚。他們都畢業於普林斯頓大學，同時也是德劭集團的員工，所以她應該符合了「女子力」的條

件。

亞馬遜第一位員工卡芬（Shel Kaphan）也相當優秀，而且也是矽谷有名的技術人員。他為了尋找識得千里馬的伯樂，輾轉換了好幾家公司後，認識了貝佐斯。他說：「傑夫是為了成功而出生的人物。」於是決定進入亞馬遜工作。

德劭集團的老闆蕭大衛，也是令貝佐斯這個菁英感到驚訝的優秀人物。能和優秀人才一起工作很愉快，不只自己會跟著成長，工作也會有成就感。但如果跟毫無才能的人一起工作，情況將會完全相反，人生也會跟著走下坡。所以選擇往來對象時，絕對不能妥協和順其自然。

70 只要相信世界會改變，就能肩負改變的責任

貝佐斯雇用亞馬遜員工的條件，並不講求是否經驗豐富。正值創業期的企業通常會徵求有經驗的員工。但因為他挑戰的網路商務是全新的事業，所以有無經驗完全不重要。

反之，他認為員工需要頭腦清楚並且有精通的領域。這還不夠，同時他也希望對方是正在尋找有價值的工作，或是想度過有意義人生的人。

他尤其重視員工是否認同亞馬遜「自己可以改變世界」的企業文化。

或許是想了解應徵者的想法，所以貝佐斯會在面試時，向應徵者提出「可以講一下你發明的東西」這個問題。

這都是為了能雇用勇於挑戰，同時也相信「自己可以改變世界」的人。他說：「只要相信世界會改變，自然就會相信自己也肩負改變的責任。」

一九九七年五月亞馬遜正式上市，他對公司內部宣布：「今日我們創造了屬於amazon.com的歷史。」股價對他來說完全不重要，他想表達的是，在亞馬遜工作就能改變世界並且創造歷史。

71

三〇%理想＋三〇%員工素質＋四〇%偶然＝企業文化

企業文化與經營者的力量，同樣都是組織的重要元素。所謂的血汗企業，通常都不具有企業文化。對社會有貢獻，並且有許多粉絲的公司，大多傳承了優良的企業文化，也傳承了技術和願景。

貝佐斯很早就相信「創業者會以成立一個能實現理想企業文化的公司為目標。」具體來說，充滿緊張感且氣氛融洽的公司最為理想。

只要亞馬遜成功了，當然緊接著就會有仿效產品和價格的企業出現，但沒有任何一家公司，能夠做到連亞馬遜的企業文化都完全模仿。

所以，只要建立勇於挑戰改革的企業文化就可以了。要是沒有不斷創造出優秀產品的文化，只是模仿其他公司產品和價格，最終仍會自行退敗。

因此，貝佐斯只願意錄取與自己有共同理念的人才。

「企業文化有三〇％是企業家的理想，三〇％是初期員工的素質，而四〇％則是偶然」，而且根植於企業的文化很難改變。對於企業的永續成長而言，讓文化完全滲透組織是不可或缺的要素之一。

72
即使要併購，也得尋找有相同文化的公司

從很早開始，貝佐斯就以創投公司為中心進行投資和併購，讓亞馬遜的成長更為快速，最具代表的就是二〇〇九年併購「薩波斯（Zappos）」。這是一家於一九九九年以網路鞋子專賣店起步，之後陸續擴充銷售品項的公司。

貝佐斯並不想摧毀將來可能的競爭對手，而是希望能接收此公司的模範顧客服務以及員工福利。

二十四小時的客服中心、一年之內都能退貨、購買三雙也可只退貨兩雙，

以及員工的健康保險費用皆由公司全額負擔。因為太嚮往這樣的企業文化，貝佐斯經過四年的交涉，終於以美金十億元併購。

貝佐斯在併購公司時最重視的是「人」。這意味著，我們要知道公司有什麼樣的人才又有多少回頭客。他說：「我們所尋找的是跟我們有相同文化的公司。」

資金可以調度，但要找到優秀人才和培養忠誠的顧客卻沒那麼簡單。貝佐斯在併購薩波斯公司後，不但很重視該公司原本的企業文化，同時也把經營權交給創業者。

對企業來說，要透過併購多角化經營並沒有想像中容易。雖然提升了加乘作用，但卻沒提高利潤，企業文化也油水不相容、難以調和，最終導致失敗的案例相當多。比起「購買技術」、「購買營業基盤」，貝佐斯透過吸收「人才」讓併購更成功。

73

唯有真正保有熱情的人，才有能力脫離艱困時期

尋找人才最注重的是什麼？能力和個性雖然也很重要，但更需要的是熱情吧！

貝佐斯在網路泡沫化時期曾一度陷入憂鬱。當時許多業界的人才陸續離開，如果是以錢為目的的人就算了，但一些有能力的人也可能被解雇，或者是放棄公司而離去。

追根究柢，會離開的人對ＩＴ技術或網路不是真有熱情，也不是真的想要

從事這份工作。只有真正懷抱熱情的人才會留下，才能跟公司一起度過難關。

企業會遇到高低潮，度過艱苦時期而贏得成功的貝佐斯表示：「無法脫離艱困時期的企業，通常不是做不到，只是還沒嘗試。」

這個概念同樣也適用於經營者。經營公司必定會遇到沒有利潤，或是因為產品銷售狀況欠佳而被批評，當然有時也必須做出裁員的決定。這個時候就需要展現經營者真正的價值。唯有對願景懷抱著強烈的熱情和自信，才有辦法堅持下去，讓公司能夠逆轉勝。

74

兩個披薩就能餵飽的人數，才是最有效率的行動小組

貝佐斯最重視的「人」，並不是只有公司員工而已。其他像是消費者、出版相關人員或作者等也都很重要，讓這些人做出最好選擇的關鍵，就是服務。

現在的亞馬遜非常具影響力，許多企業都感到畏懼。但在剛起步時，它也不過是一個小企業，為了追求成長竭盡全力。

擁有巨額資本的企業也注意到網路商務的可能性，但也害怕萬一投入此戰場，說不定會輸得徹底。

當巴諾書店對網路商務產生興趣時，貝佐斯不但沒有退縮，反而表示絕對要成功。「最後能讓顧客、作者、出版社做出最好選擇的才是贏家，就像只要用一台投石器，就能打倒歌利亞。」

歌利亞是出現在舊約聖經中，身高三公尺的巨人，卻被年少的大衛王用石頭攻擊額頭而倒下。對亞馬遜來說，那顆石頭當然就是顧客服務了。

用服務和舊勢力競爭的貝佐斯，採取了「兩個披薩組」的小組策略。這指的是，只需要兩個披薩就能餵飽的人數所形成的小組，它能夠防止上情下達資訊傳遞失真，也是能充分發揮個人能力的人數。亞馬遜的成功在在證明了此想法是正確的。

75

持續挑戰新事物的企業，必須要有固執的核心人物

貝佐斯不像其他創業者，他對待員工十分親切，而且也具備了創業者應有的堅持。

開發電子閱讀器時，貝佐斯思考了一些消費者可能會有的需求：前往機場的路上，希望手邊隨時有書可以閱讀，或是希望能在車上下載書本內容。所以他主張要讓顧客不必透過電腦，就能連接無線網路。

某位員工魯莽地表示：「不可能做到。」而貝佐斯這樣回應：「能辦到什

麼事，決定權在我，你們是設計師，但思考商業模式是我的工作。」但其實他也可以大發雷霆這麼說：「為了讓你們閉嘴，難道得拿出我是這家公司CEO的證明書嗎！」

貝佐斯尊敬的賈伯斯也經常被屬下質疑：「為什麼要製造這樣產品？」而他會排除眾議地說：「因為CEO是我，而我認為有可能。」

挑戰新事物有其風險，但如果被合議制度牽制，就不可能做出任何決定。若想持續挑戰，就需要有能夠果斷說出「決定權在我」的頑固中心人物。

雖然他對倉庫員工說，比起叫我「貝佐斯先生」，直接叫我「傑夫」會比較開心，但對於經營他卻沒有半點讓步。

76 想要成為創造歷史的人，就要聰明且猛烈地工作

ＩＴ業的競爭相當激烈，但貝佐斯雖然熱愛工作，卻不會減少自己的睡眠時間。他說：「因為出於必要，我幾乎每天都會睡滿八小時，即使有再擔心的事，關掉電燈後五分鐘內就會睡著。」

當然不是每個上班族都能睡滿八個小時。甚至可以說，幾乎沒有人能夠睡滿八小時。在亞馬遜快速成長的時期，員工就對過於忙碌這點爆發了不滿，並在公司集會上質問：「什麼時候才能開始考慮達成工作與生活平衡？」

但貝佐斯並沒有給員工滿意的答覆，他認為：「我們是為了提升成果才在這裡，這應該是最優先要做的事。」不只如此，他甚至回嘴告訴對方，如果無法盡全力提升成果，想必是選錯職場了。

要創造歷史就要聰明且猛烈地工作，這是貝佐斯的想法。穿著印有「喜歡每週都能工作八十小時」運動服的是蘋果的員工。比爾蓋茲年輕時，也曾「連續工作三十六小時，然後休息十小時，吃完披薩後再繼續工作」。或許這是「創造歷史」的必要條件。

77 根本不需要擔心，創造奇蹟的人會再出現

二〇一一年十月，尊敬的賈伯斯過世時，貝佐斯做出了這樣的評論：「史帝芬是一位會關心所有人的老師，對所有重視改革的人來說，今天是悲傷的一天。」

賈伯斯證明了年輕人能夠改變世界，而貝佐斯也將繼續改變世界。繼貝佐斯之後，谷歌和臉書也將改變世界當作是天命，不斷創造出新產品。

或許就因為如此，貝佐斯對失去了賈伯斯的ＩＴ業，樂觀地表示：「根本

不需要擔心，（像賈伯斯般的人）會再出現。」

二〇一三年八月，貝佐斯併購了美國具有聲望的報社華盛頓郵報，讓眾人大吃一驚。他表示：「沒有任何一張地圖能指出未來。」選擇今後的方向並不簡單，必須思考新事物，然後去嘗試，但只要願意一直去挑戰，未來將會一片光明。

比起任何人，貝佐斯都更堅信科技的未來以及可能性。他非常關心那些年輕的創業者，是為了適時給予資金援助，讓新企業能夠陸續誕生。創業家精神就是像這樣，由創業者們接連貫徹地傳承下去。

貝佐斯格言

Bezos's Motto

公司企業不該沉醉於鎂光燈，因為光芒從不持久。

"A company shouldn't get addicted to being shiny, because shiny doesn't last."

※ 編輯部補充，非日文原書內容

參考文獻

本書參考了以下書籍與雜誌，在此致上感謝之意。每本參考書籍都是名著，推薦給想更深入了解貝佐斯和亞馬遜的人閱讀。有關貝佐斯名言，多數為直接翻譯自〈英文網站〉，在此感謝譯者秋山勝先生協助。

《點擊》Richard Brandt著，井口耕二譯，滑川海彥解說，日經ＢＰ社。
《傑夫貝佐斯 無止盡的野心》Brad Stone著，井口耕二譯，滑川海彥解說，日經ＢＰ社。
《Amazon.com》Robert Spector著，長谷川真實譯，日經ＢＰ社。
《Amazon.com的野心》脇英世著，東京電機大學出版局。

《革新的ＤＮＡ》Clayton M. Christensen、Jeff Dyer、Hal Gregersen著，櫻井祐子譯，翔泳社。

《創造Amazon的傑夫貝佐斯》Jennifer Landau著，STUDIO ARAFU譯，中村伊知哉監修，岩崎書店。

《Google祕錄——完全破壞》Ken Auletta著，土方奈美譯，文藝春秋。

《傑夫貝佐斯名言》Kindle版，Steven Levy著，若林惠譯，日本康泰納仕。

《周刊東洋經濟》2012.12.1號

〈英文網站〉

Time：1999.12.27／Forbes：2012.1.1／Fast company：2009／Fortune.cnn.com：2012.11.1／Space.com：2013.7.19／Princeton University：2010／Economist.com：2013.8.10／WSJ.com：2012.6.19等

國家圖書館出版品預行編目（CIP）資料

互聯網之神　貝佐斯：揭開網路銷售，你所不知的8個勝出關鍵／西村克已著；張秀慧譯.
-- 臺北市：大樂文化, 2015.11
面；　公分. --（Business；005）
譯自：1分間ジェフ・ベゾス
ISBN 978-986-92180-6-1（平裝）
1. 貝佐斯（Bezos, Jeffrey）　2. 亞馬遜網路書店（Amazon.com）
3. 網路行銷　4. 職場成功法
487.652　　104021101

Business 005

互聯網之神　貝佐斯

揭開網路銷售，你所不知的8個勝出關鍵

作　　者／西村克巳
譯　　者／張秀慧
封面設計／蕭壽佳
內頁排版／思　思

責任編輯／王映茹
副 主 編／王映茹、皮海屏
發行組長／林怡秀
會計經理／陳碧蘭
發行經理／高世權、呂和儒
總編輯、總經理／蔡連壽
出 版 者／大樂文化有限公司
地址：台北市 100 衡陽路 20 號 3 樓
電話：（02）2389-8972
傳真：（02）2388-8286
詢問購書相關資訊請洽：2389-8972
郵政劃撥帳號／50211045　戶名／大樂文化有限公司

香港發行／豐達出版發行有限公司
地址：香港柴灣永泰道 70 號柴灣工業城 2 期 1805 室
電話：852-2172 6513　傳真：852-2172 4355

法律顧問／第一國際法律事務所余淑杏律師 / 柯俊吉律師
印　　刷／科億印刷股份有限公司

出版日期／2015 年 11 月 9 日
定　　價／280元　　（缺頁或損毀的書，請寄回更換）
I S B N　978-986-92180-6-1